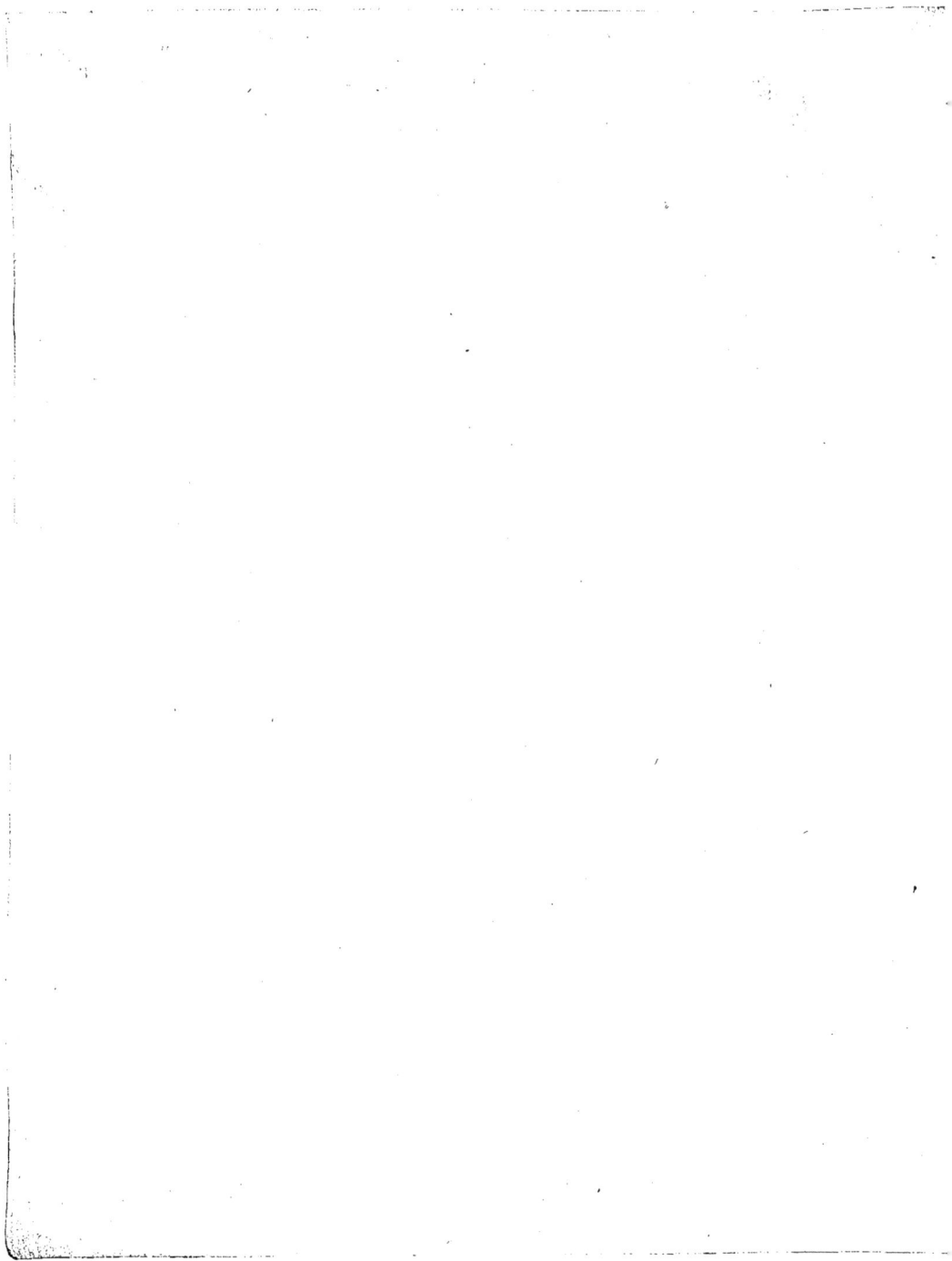

TRAITTÉ
DÉMONSTRATIF
DE LA QUADRATURE
DU CERCLE.

AVEC FIGURES.

DIVISE' EN QUATRE LIVRES,

Dont le Titre marquera ce qu'ils contiennent chacun
en particulier.

Dans la pratique il sera sûr & tout-à-fait aisé de n'employer
que la Regle & le Compas.
Le Livre enseigne plusieurs manieres d'y réussir.

DEDIÉ AU ROY

Par M. BASSELIN, *Professeur Emerite de Philosophie*
dans l'Université de Paris. au College des Grassins

A PARIS,

Chez { BRIASSON, à la Science, } ruë S. Jacques.
ET
{ HENRY, vis-à-vis S. Yves. }

M. DCC. XXXV.

AVEC APPROBATION ET PRIVILEGE DU ROY.

AU ROY,

IRE,

J'ose honorer le *Frontispice* de mon *Livre* du *Nom Sacré* de VOTRE MAJESTE'. La découverte de la *Quadrature du Cercle*, qui a parû jusqu'à present une de ces brillantes chimeres, dont l'es-

ã ij

EPITRE.

prit humain aime à se faire illusion, va s'offrir au Public à l'abry de ce Nom respectable. Elle ne craindra point de se montrer au grand jour dans la confiance qu'elle étoit dûe à un Regne aussi fécond en grands Evénemens. Avec quelle ardeur court-elle s'associer dans l'Histoire aux coups d'essay de nos armes victorieuses, qui préparent les esprits à tout attendre d'une Nation animée par les regards de VOTRE MAJESTE', soutenuë de la vigueur de ses Conseils, & conduite par des Généraux de son choix. Mais, SIRE, c'est moins l'interest de l'Ouvrage qui m'enhardit à faire hommage de mes veilles à VOTRE MAJESTE', que le zéle dont je me sens brûler pour Elle, zéle qui doit être l'ame des cœurs vrayement François. Ne dédaignez donc pas, SIRE, de recevoir mon foible encens, comme l'effet des vœux les plus ardens pour la gloire & la prosperité de VOTRE MAJESTE'. J'ai l'honneur d'être avec un très-profond respect & une vénération parfaite,

SIRE,

DE VOTRE MAJESTE',

Le très-humble & très-obéissant serviteur & très-fidele sujet BASSELIN, Professeur Emerite de Philosophie, en l'Université de Paris.

PREFACE.

JE commencerai cette Preface par la narration de quelques faits que je croirois ne pouvoir sans inconvenient passer sous silence.

Premierement, avant que d'en venir aux calculs que contient le Traitté que je donne ici, je crûs pouvoir y préluder par d'autres plus aisés, à la verité, mais bien moins exacts; puisque, fort peu après le commencement, je retranchois toutes les Fractions. Pour remplacer leur exactitude, je m'erois exprès élevé au-dessus, & abaissé au-dessous de la valeur de ces Fractions; & cela même de plus d'une maniere; ce qui me formoit trois premiers Ecrits; & enfin j'avois, pour ainsi dire, tendu directement à mon but, de la maniere que cet Ecrit le fait voir. Le tout fournissoit donc en quelque façon quatre differens Traittés, y compris celui que je donne aujourd'hui.

En second lieu, il y a déja fort long-tems que par des ordres superieurs, qui me laissoient pourtant toute la liberté que la prudence pouvoit demander, ayant été obligé de faire voir mon Ouvrage à Messieurs de l'Académie des Sciences, pour pressentir le jugement qu'ils en porteroient; de peur de causer trop d'embarras à ces Messieurs, je ne leur montrai que mes premiers essais, comme plus aisés à examiner; & retins par devers moi le veritable denouément, que je ne leur donnai du moins qu'à mots couverts, & non par écrit; ils font fi occupés de leurs propres Ouvrages, & outre cela fi dégoûtés d'examiner de fauffes Quadratures du Cercle, que, malgré la verité de la mienne qui ne leur étoit pas connuë, l'attirail du calcul que je fais enfin paroître, & qu'ils auroient voulu verifier, les auroit vraifemblablement rebutés. Au reste:

Troifiémement, je dis à Meffieurs les deux Cenfeurs qui m'avoient été donnés par l'Académie, que j'avois fait quatre differens Ecrits, quoique je ne leur en montraffe qu'un d'abord, & à leur réquifition, encore deux autres dans la fuite; j'ajoûtai que la Circonference du Cercle, que repréfentoit l'Ecrit qu'ils avoient lû, étoit trop petite, & qu'il falloit ajoûter au Rectangle, par lequel cet Ecrit repréfentoit le Cercle, quelques tiers d'une certaine quantité. On entendra dans la fuite que c'étoit de mes tiers de Quadratrice qu'il s'agiffoit.

Quatriémement, enfin j'aurois été dans la difpofition de leur montrer ce dernier Traitté, & de leur découvrir à plein tout ce que je fçavois fur la matiere qu'il contient; mais, outre la raifon cy-deffus, comme j'avançois dans mes Ecrits, en faveur de la perfection, quelque chofe de contraire aux fimples approximations, pour lefquelles un de ces Meffieurs étoit extrémement prévenu, parceque, felon lui, rien autre chofe n'étoit poffible; je crûs m'appercevoir qu'il n'y avoit aucune faveur à attendre de ces Meffieurs, & qu'inutilement j'avois efperé de leur part l'approbation néceffaire pour faire imprimer; je les priai donc de me rendre mes Ecrits fans leur demander rien de plus; ils me comblerent de politeffes,

&

& me remirent ces Ecrits en main. Je repris par conféquent les deux derniers que je venois de leur donner,
fans qu'ils euſſent eu le tems de les lire. Je crois qu'ils
étoient bien aiſe que je les leur euſſe redemandés pour
s'en épargner l'éxamen. La fin de cette Préface fait encore mention d'une démarche que je fis enſuite ſans que
pour cela mon Traitté eût la liberté de paroître ; mais
pour ne pas encore quitter tout-à-fait mes deux Com-
miſſaires, defquels certainement je ne fais mention que
pénétré d'eſtime pour eux ; comme je ne leur donnai pas
à découvert le veritable éclairciſſement ; ils l'auront vraifemblablement toujours ignoré. Il leur auroit pourtant
été très-facile de ſe mettre au fait ſur ce que je leur avois
déclaré, s'ils avoient retenu mes Ecrits ; mais ce n'auroit
pû être que le prémier ; & ils auront été trop honnêtes-
gens pour le faire copier, quoique cette conduite m'eût
dû faire honneur. Ce ne ſeroit qu'obſcurément que je
parlerois de ces anciens Ecrits plus long-tems ſans les faire paroître ; mais, outre qu'ils rendroient ce Livre trop
gros, on les a éminemment renfermés dans celui-ci ; je
paſſe donc à autre choſe.

Le retranchement de quelques minuties de fractions
que l'on ſe permet ordinairement, & la prévention où
l'on eſt, que c'eſt à peu près le milieu entre les limites
d'Archimede, qui donne la circonférence du Cercle,
ſont deux raiſons, qui ont fait placer ordinairement cette circonference plus bas qu'il ne falloit, ou, en d'autres
termes, qui l'ont fait rentrer dans le Cercle, & peut-être
encore avec elle quelques perimetres de Polygones que
fauſſement l'on croioit toûjours circonſcrits au Cercle.

Et cependant, bien avant moi, un Auteur nommé Buteon, avoit remarqué & expliqué par un exemple, que l'on ne pouvoit favoir que par la Quadrature même du Cercle ce qui en étoit. Voici fes paroles dans fon premier Livre intitulé, *de Quadratura circuli*, imprimé à Lyon 1559. pag. 60. il parle des Limites d'Archimede. *Uter autem iftorum limitum*, dit-il, *fit vero propior incertum eft quoniam verum ipfum ubi confiftat non habemus, hoc eft, utrum diftet æqualiter an inæqualiter ab utroque : Talis enim cognitio permagni ad rem effet momenti. Ufus tamen propter facilitatem obtinuit ut ex priori limite ftatuatur* ἐμβαδὸν *circulo dato. Et ita velle videtur Archimedes ex Theoremate fecundo, ubi dicit circulum ad id quod ex dimetiente quadratum rationem habere quam* 11. *ad* 14. *nec curavit, ficut verè potuiffet, ita proponere. Circulus ad id quod ex dimetiente quadratum rationem habet minorem quam* 11. *ad* 14. *majorem autem quam* 223. *ad* 284. Et pag. 67. pour juſtifier de nouveaux nombres qu'il avoit donnés, ou de nouvelles approximations de la circonference ; voici le jugement qu'il porte de ſes deux méſures ; & l'exemple dont j'ai parlé cy-deſſus. *Erunt quoque fingulæ (dimenfiones) alterutro limitum (Archimedis) propiùs vero, Incertum tamen an utroque, & quonam duorum. Quod cum videatur obfcurius, ita demonftro. Ponamus majoris evidentiæ gratiâ primum limitem effe duodecim & alterum fex & ipfam* 12. 11. 10. 9. 8. 7. 6. *veri fedem in numero feptem confiftere. Itaque fi feceris dimenfionem unam novem, & alteram decem, ambæ quidem intra limites, & vero propiùs erunt quam duodecim, longiùs tamen quam fex. Si autem veri locus effet in medio, utpote in novem, tunc omnis intra limites dimenfio veritati utroque propior effet. Ignotâ autem, prout eft, sede veri, hoc solum constat, dimensiones istas intra limites habeti & altero duorum vero propiùs esse, quod erat demonstrandum.*

L'on voit par la Quadrature que je donnerai, que la circonférence du Cercle étoit bien plus prés du rapport de 22. à 7. que du rapport de 223. à 71.

On pouvoit sans doute donner au Traitté qui va suivre cette Préface une forme plus Géométrique ; mais ne suffit-il pas qu'au fond il soit Géométrique sans en avoir la forme en rigueur ? & ne voit-on pas tous les jours des Livres superbement revêtus de cette forme qui ne prouvent point du tout, ni que ce qu'ils renferment soit exact, ni que leur Auteur soit Géomètre. Je ne veux pour le prouver que citer une observation du Pere Malebranche sur le Livre de la Prémotion Physique, parce qu'aussi bien cette observation concerne la Quadrature du Cercle, & encore une autre matiere, sur laquelle je crois qu'il faut penser autrement que ces deux Auteurs, qui pourroient fort bien l'un & l'autre s'éloigner de la verité, quelque fondé que soit le Pere Malebranche à faire son observation. Voici ses paroles dans son Livre de Refléxions sur la Prémotion Physique. pag. 121. *Je ne me suis arrété ici,* dit-il, *à réfuter les degrés d'etre de l'ame que pour prémunir les Lecteurs contre les prétenduës demonstrations de l'Auteur. Assurément, il ne devoit pas affecter la maniere d'écrire des Geométres ; elle ne convient ni à sa matiere ni à son style ; on le voit assez : ni même à sa personne, les paroles qui suivent, en font la preuve.* » Il est aisé, dit-il, de connoître les dimen- » sions d'un quarré & celles d'un Cercle. Mais de déter- » miner la correspondance & la proportion de l'un avec

» l'autre ; c'eſt à quoi nul eſprit n'a encore pû atteindre. *Certainement ces paroles ne ſont point d'un Geometre ; car ce à quoi nul eſprit n'a encore pû atteindre, eſt de connoître exactement la dimenſion du Cercle ; ce que l'Auteur dit, qu'il eſt aiſé de* connoître. *On auroit la Quadrature du Cercle ou le rapport du Cercle au quarré, ſi l'on avoit la dimenſion de l'un & de l'autre, & c'eſt ce rapport que les Geometres n'ont pû encore démontrer. Ils n'ont point non plus recherché de* correſpondance *ni de* proportion *entre le Cercle & le quarré : de* correſpondance *; car c'eſt un terme indéfini, dont ils ne ſont pas même d'uſage : ni de* proportion *; car il faut au moins trois grandeurs pour faire une proportion.*

Je prie l'Auteur, de croire que c'eſt uniquement l'amour de la verité qui me fait déclarer ici ce que je penſe de ſa qualité de Geometre. Je crois qu'il n'a point ce noir deſſein d'impoſer au monde & d'abuſer la credulité des Lecteurs. Je crois qu'il dit ce qu'il penſe, comme il le penſe ; & qu'il croit démontré ce qu'il affirme démontré. Mais comme il eſt rare que les vrais Geometres ſe trompent, à cauſe de la clarté de leurs idées & de la préciſion de leurs termes, les ſimples & ceux qui ne ſont pas Geometres, prennent ſouvent pour certain ce qu'on leur dit être démontré. Voilà pourquoi j'ai cru devoir inſinuer aux Lecteurs que l'Auteur ignoroit en Geometrie, ce que ſavent tous les Geometres, l'état de la queſtion de la Quadrature du Cercle. Je ferois un jugement témeraire, ſi je jugeois qu'il ſe tint offenſé de ma conduite.

Il ne faut pourtant pas conclure de ce que l'Auteur du Livre de la Prémotion Phyſique n'eſt point Geometre, & ne prouve point geométriquement ſa propoſition dans toute ſon Univerſalité, que la Prémotion ſoit à rejetter univerſellement. Quand elle ſera bien entenduë, non-feulement elle peut, mais elle doit être admife pour les actes furnaturels ; & en cela il faut rendre à Dieu toute la gloire qui lui eft dûë ; mais pour fauver la liberté, il faut en même tems comme les *plus célébres* d'entre les Thomiftes, & entr'autres Capreolus fur le Maître des Sentences, *liv. 2. dift.* 28. *queft.* 1. lui fubftituer le fimple concours pour les actes en même tems naturels & libres. Je conviens que cela demanderoit une explication ; mais on conviendra aufli que ce n'eft point du tout ici le lieu de la donner ; ainfi j'entame une autre matiere.

On tâchera de fe familiarifer tellement avec toutes les nouvelles quantités qu'il m'a fallu mettre en œuvre, & combiner, pour ainfi dire, en plufieurs manieres, que les differentes notions que j'ai mifes dans l'ordre où elles fe font préfentées, s'arrangent fur nouveaux frais dans la tête de chaque Lecteur, & qu'il ait le plaifir d'être au moins Auteur d'un bel ordre dans la fcience qu'il aura acquife.

Je m'abftiens donc d'indiquer où fe trouvera précifément ce que l'on pourroit chercher ; je rendrois peut-être mon *Traitté* trop court pour bien des perfonnes, & la même raifon m'empêchera d'en faire la Table ou *l'Index* ; mais de peur aufli de rendre cette Préface trop longue, je n'en dirai pas davantage, quand j'aurai encore ajouté les raifons qui ont retardé la publication de ce Traitté.

Dès que j'eûs délivré de l'éxamen de mon Livre, les deux Commiffaires que m'avoit donnés l'Académie des Sciences, je fis quelques tentatives pour avoir la permiſſion de faire imprimer; mais, dans la néceſſité où je me vîs de faire pour cela quelques démarches de plus que je ne m'étois attendu, je jugeai à propos, avant de les faire, de groſſir un peu mon Traitté, dont je n'avois juſqu'alors prétendu donner que la ſubſtance ou même l'ébauche. L'on verra ce qu'y ajoutent le premier & le dernier Livre, leſquels au tems dont j'ai parlé n'étoient pas encore en état de voir le grand jour. Si-tôt que le tout fut prêt, je me ferois empreſſé de le faire paroître; mais il me vint d'autres occupations qui m'en détournerent. Et ce n'eſt enfin qu'aujourd'hui que tous obſtacles levés, je le donne tel qu'on le voit. Si j'ai négligé de démontrer ſcrupuleuſement quelque propoſition, ou parceque je l'ai cru trop univerſellement connuë comme démontrée ailleurs, ou parce qu'elle étoit avoüée de tous les Geométres; on voudra bien ſe contenter que je m'impoſe la loi de la démontrer ſur l'avis que j'en recevrai, & ne me pas faire un crime, d'avoir jugé trop favorablement de l'intelligence de mes Lecteurs & du panchant qui les porte eux-mêmes à juger des autres favorablement; ils n'attribueront donc pas à l'impuiſſance de mieux faire, ce qui n'en viendroit en aucune façon; & il ſera beaucoup plus doux & plus agréable pour moi qu'ils m'objectent pour tout reproche la réfléxion que je viens de faire, & qu'ils ne la jugent fondée que ſur une eſpece de terreur panique.

APPROBATION.

J'Ay lû par ordre de Monseigneur le Garde des Sceaux, ce *Traité de la Quadrature du Cercle*, & j'ai cru que l'impression en pouvoit être permise, parceque l'Auteur ne l'a demandé que comme un moyen plus facile de communiquer son idée à tous les Geométres. Fait à Paris, ce 23. Août 1734.

FONTENELLE.

PRIVILEGE DU ROY.

LOUIS, PAR LA GRACE DE DIEU, ROY DE FRANCE ET DE NAVARRE, à nos amez & féaux Conseillers, les Gens tenant nos Cours de Parlement, Maîtres des Requeftes ordinaires de notre Hoftel, Grand-Confeil, Prevoft de Paris, Baillifs, Sénéchaux, leurs Lieutenans Civils, & autres nos Jufticiers qu'il appartiendra, SALUT. Notre cher & bien amé le Sieur ROBERT BASSELIN, Nous ayant fait fupplier de lui accorder nos Lettres de permiffion pour l'impreffion d'un Ouvrage de fa compofition, & qui a pour Titre *Traitté Démonftratif de la Quadrature du Cercle*, qu'il fouhaiteroit faire imprimer & donner au Public, offrant pour cet effet de le faire imprimer en bon papier & beaux caracteres, fuivant la feuille imprimée & attachée pour modele fous le contrefcel des Préfentes. Nous lui avons permis & permettons par ces Préfentes, de faire imprimer ledit Livre cy-deffus fpecifié conjointement ou féparément, & autant de fois que bon lui femblera, & de le vendre, faire vendre & débiter par tout notre Royaume, pendant le tems de trois années confécutives, à compter du jour de la datte defdites Préfentes. Faifons défenfes à tous Libraires, Imprimeurs & autres perfonnes de quelque qualité & condition qu'elles foient, d'en introduire d'impreffion étrangere dans aucun lieu de notre obéiffance : A la charge que ces Préfentes feront enregiftrées tout au long fur le Regiftre de fa Communauté des Libraires & Imprimeurs de Paris dans trois mois de la datte d'icelles ; que l'Impreffion de ce Livre fera faite dans notre Royaume & non ailleurs ; & que l'Impétrant fe conformera en tout aux Reglemens de la Librairie & notamment à celui du dixiéme Avril 1725. & qu'avant que de l'expofer en vente, le Manufcrit ou Imprimé, qui aura fervi de Copie à l'impreffion dudit Livre, fera remis dans le même état où l'approbation y aura été donnée ès mains de notre très-cher & féal Chevalier Garde des Sceaux de France, le Sr CHAUVELIN ; & qu'il en fera enfuite remis deux Exemplaires dans notre Bibliotheque publique, un dans celle de notre Château du Louvre, & un dans celle de notredit très-cher & féal Chevalier Garde des Sceaux de France, le Sieur CHAU-VELIN ; le tout à peine de nullité des Préfentes ; du contenu defquelles vous mandons & enjoignons de faire jouir l'Expofant ou fes Ayans caufes pleinement & paifiblement, fans fouffrir qu'il leur foit fait aucun trouble ou empêchement : Voulons qu'à la Copie defdites Pré-fentes, qui fera imprimée tout au long au commencement ou à la fin dudit Livre, foy foit ajoutée comme à l'Original : Commandons au premier notre Huiffier ou Sergent, de faire pour l'exécution d'i-celles, tous Actes requis & néceffaires, fans demander autre permif-fion ; & nonobftant Clameur de Haro, Charte Normande & Let-tres à ce contraires ; CAR tel eft notre plaifir. DONNE' à Fon-tainebleau, le douziéme jour du mois de Novembre, l'an de grace mil fept cent trente-quatre ; Et de notre Regne le vingtiéme. Par le Roy en fon Confeil.

Regiftré fur le Regiftre IX. de la Chambre Royale & Syndicale des Li-braires & Imprimeurs de Paris N°. 4. fol. 4. conformément au Reglement de 1723. Qui fait défenfe Art. IV. à toutes perfonnes de quelque qualité qu'elles foient, autres que les Libraires & Imprimeurs, de vendre, debiter & faire afficher aucuns Livres pour les vendre en leurs noms, foit qu'ils s'en difent les Auteurs ou autrement ; & à la charge de fournir les Exemplaires prefcrits par l'Article CVIII. du même Reglement. A Paris, le 7. Décembre 1734.

G. MARTIN, Syndic.

TRAITTE'

TRAITTÉ
DEMONSTRATIF
DE LA QUADRATURE
DU CERCLE

LIVRE PREMIER.

Quelques Questions préliminaires sur ce sujet.

PREMIERE QUESTION.

S'il y a long-tems que l'on est curieux d'avoir la Quadrature du Cercle ?

SANS prétendre avoir fait aucune recherche de ce qui se trouve dans differens Auteurs sur cette matiere, je puis citer quelques passages qui me sont tombés sous les yeux, en faisant de tout autres lectures.

Le plus ancien & en même-tems le plus respectable de ces passages, parcequ'il est tiré de l'Ecriture, est celui où se dé-

A

crit (3. *liv. des Rois* 7. 23. & 2. *liv. des Paralipomenes*) le Vaisseau de fonte appellé mer, qui avoit dix coudées d'un bord à l'autre, qui étoit rond, & dont la circonference étoit actuellement, ou pouvoit être entourée d'un cordon de trente coudées ; car l'expression de l'Ecriture est susceptible de l'un & l'autre sens.

Ces deux nombres trente & dix, semblent insinuer que la circonference du Cercle est à son diametre, comme 3. a 1 ; mais l'Ecriture ne descend pas d'une maniere rampante dans la précision que demandent les sciences les plus rigoureuses. Il lui sied de se tenir au dessus des minuties pour n'envisager que des objets plus dignes d'elle. Ptolémée dans le premier Livre de son Almageste fonde bien tous ses calculs sur ce même rapport du diametre à la circonference, lorsqu'il suppose le diametre 120 & la circonference 360 ; & nous verrons dans la suite que dans son sixiéme Livre, il sait fort bien mettre en œuvre ce qu'Archimede avoit établi. On peut donc, & surtout l'Ecriture peut parfaitement bien négliger une trop grande précision pour ne point paroître l'établir par autorité.

Saint Clement d'Alexandrie & Diogène Laërce nous rapportent un trait de la Vie d'Anaxagore. Je voudrois n'en faire qu'un avec celui que je tiens de Plutarque, au sujet du même Philosophe ; & ce seroit pour la Quadrature du Cercle une particularité assez remarquable. Selon Clement d'Alexandrie & Diogène Laërce, Anaxagore fut le premier de tous les Grecs, qui rendit public un Livre de sa composition ; & selon Plutarque il s'occupa dans la prison à composer un Ouvrage sur la Quadrature du Cercle. Il est donc tout au moins vraisemblable que c'est sur cette matiere qu'a roulé le premier Ouvrage qu'aucun Auteur Grec ait jamais osé faire paroître sous son nom. Mais ce qu'il y a encore de plus vraisemblable, c'est que voilà un grand homme qui ne nous aura pû donner la rélation de son embarquement & de son voyage sur cette Mer orageuse, sans nous faire connoître qu'il a fait naufrage ; mais sans nous arrêter à cette idée triste, si on s'étoit comporté à l'égard des Traittés qui devoient paroître les premiers à la naissance de l'érudition Grecque, comme l'on a fait à l'égard des premiers Ouvrages par lesquels on a cru devoir honorer l'impression quand elle a été inventée ; cela marqueroit quelle estime les Grecs auroient fait de la Quadrature du Cercle ; & dans quels sentimens on auroit toujours persisté à son égard, si toutes les fausses prétentions qui s'en sont publiées, n'avoient pas comme établi son impossibilité absolue.

Cette fausse impossibilité devint donc en quelque façon le jugement sensé qu'il fallut porter de cette matiere. L'espérance du contraire devint un sujet de raillerie même pour les Acteurs de Theatre. Etes - vous assez fou, (*dit Aristophane dans sa Comedie des Oiseaux, vers 1005. pag. 415. de l'Edition de Monsieur Custer*) pour vouloir que la regle en main, je vous quarre le Cercle ?

Cela n'empêchoit pas beaucoup de grands Geometres, de s'appliquer très-serieusement à découvrir ce secret, & de se déclarer même pour sa possibilité contre le torrent des préjugés ; mais un aussi grand nombre d'autres non moins estimés, appuyoient de leur autorité le parti contraire qui se fortifioit infiniment plus encore par les fausses quadratures de ses adversaires.

Je crois pourtant pouvoir assurer pour l'honneur des Savants, que jamais aucun d'entr'eux n'a osé ouvrir la bouche ni écrire sur cette matiere, sans y avoir préalablement fait essai de ses forces. Ainsi j'ose mettre tous les grands hommes qui se sont déclarés pour ou contre, dans la Liste, dans la nombreuse Liste de ceux qui ont succombé sous le fardeau. Que seroit-ce, si l'on y joignoit ceux qui sans y avoir moins travaillé, ont eu la retenue d'en moins parler ? Il faudroit faire l'énumeration de tout ce qu'il y a jamais eu de Mathématiciens.

Encore trois ou quatre citations nous tiendront lieu de tout ce détail. J'omettrai même comme trop connu l'étalage de ce que nous a laissé Archimede sur cette matiere. Columelle suit ce Geometre sans le citer ; j'en ferai l'éloge mieux que Columelle, si j'observe que Pline le naturaliste a inseré son approximation parmi ses curiosités ; & que Ptolémée même l'a pris pour regle de ses calculs, combien ce dernier Savant n'en vaut-il pas d'autres ?

Apulée qui peut au moins paſſer pour témoin de la perſua-
ſion où l'on étoit de ſon tems par rapport à la Quadrature
du Cercle , donne ſans façon cette Quadrature pour exemple des choſes qui ne ſauroient ſe démontrer. Edition nom-
mée , *ad uſum Delphini* , pag. 651.

Cunæus ne la croit poſſible qu'en elle-même ; il nie qu'elle
ſoit telle par rapport à nous. Elle feroit tout auſſi bien , à ce
compte , d'être impoſſible en toute maniere.

Baillet nous dit dans l'abregé de la Vie de M. Deſcartes,
que ce Philoſophe a découvert par ſon Algebre l'impoſſibilité
de quarrer le Cercle , au moins ce Geometre s'eſt déclaré lui-
même. (*Epitres Latines , partie 2. Epitre 91. partie 3. Epitre
61.*) pour cette impoſſibilité , en niant que l'on dût demande
la ſolution d'un problême qui dépendroit de la Quadrature
du Cercle , &c.

M. Cuſter dans ſon Commentaire ſur l'endroit d'Ariſto-
phane que nous avons cité ci-deſſus , reconnoît que les Geometres Anglois cherchent de tout leur cœur ce ſecret , & le
Scholiaſte Grec le dit impoſſible ἀδύνατον γάρ τὸν κύκλον
τετραγώνον γενέσθαι ibid.

Le Traitté de M. Gregory ſur cette matiere , confirme ce
que vient de dire M. Cuſter au ſujet des Anglois ; & je ſçai
d'un endroit parfaitement ſeur que M. Newton en a toujours
fait une très ſerieuſe étude : or quel argument *contre moi*
un Monſieur Newton ne point réuſſir !

J'ajouterai encore un trait du ſavant Commentaire ſur Pline , où le pere Hardouin ſemble aſſurer en termes fort exprès , *derniere Edition , tom. 1. pag. 77. num. 14.* qu'un Auteur a exactement déterminé en nombres , le rapport du diametre à la circonference du Cercle *plane veriſſime. Griembergerus invenit Diametrum Circuli ad circumferentiam ita ſe habere ut*

1 0 0 0 0 0 0 0 0 0 0 0 0 0 0 0 0 0 0 0 0 0 0 0

ad. 3 1 4 1 5 9 2 6 5 3 5 8 9 7 9 3 2 3 8 4 6 $\frac{1}{2}$.
qui ne croiroit pas ſur le témoignage d'un Savant de ce poids
que voilà la Quadrature du Clercle trouvée , veut-on quelque choſe de plus fort qu'un *plane veriſſimè* , ce Religieux
ne paroît-il pas pleinement convaincu de la verité de ſa re-
marque , or ſi elle eſt vraie , pour ne pas perdre de vûë le

fujet de ce Traitté ; mon travail devient inutile , ou du moins
quand de mon côté j'aurois réuffi , ce ne feroit qu'en fecond ;
je ferois dès-lors fort loin de mon compte. Mais raffurons
nous , le Pere Hardoüin n'eft affirmatif qu'en apparence dans
cette occafion. Qu'il ne décide pas pour vouloir emporter
la *Piece* , je le tire des fources qu'indique fa premiere Edition
de Pline *in* 4. 1685. *premier volume. pag.* 176. & principalement de fa citation de Riccioli ; car comme il ne fe fonde
que fur l'autorité de Riccioli ; & que ce dernier prétend feulement que Griembergerus avoit verifié & approuvé l'approximation d'A Ceulen , *fed fubtilior (quàm Archimedis) ratio eft
illa* , dit Riccioli , *quàm Ptolemæus reperit . . . & adhuc fubtilior
quàm Ludolphus Collen ; quam quidem fuo monumento incidi voluit
eamque examinavit nofter Chriftophorus Griembergerus de Triangulis
ac veram reperit* ; il eft évident que le Pere Hardoüin donne auffi feulement Griembergerus pour avoir trouvé bonne
& très fubtile l'approximation d'A Ceulen , que ce Geometre,
au refte, n'avoit publiée que comme approximation, puifqu'il
avoit fait graver fur fon tombeau deux circonferences de
Cercle exprimées en nombres , dont il prétendoit l'une plus
grande, & l'autre plus petite qu'il ne la falloit. Le Pere
Tacquet nous les rapporte dans le fecond Livre de fa Geometrie pratique *in folio. pag.* 79. *je vas les mettre ici dans*
cet ordre. A. Le diametre du Cercle. B. la circonference
trop petite. C. la trop grande.

A. 100000,000000,000000,000000,000000, 000000,
B. 314159,265358,979323,846264,338327,950288.
C. 314159,265358,979323,846264,338327,950289.
y a-t-il dans ces fources apparence de quadrature ? Et quelque parfaite que fe prétende l'approximation , ne refte-t-elle
pas toujours approximation ?

Après tout , ces grands hommes jufqu'à prefent, n'ont
fait que dire leur avis ou celui des autres ; Monfieur Rolle,
un des illuftres de l'Académie des Sciences , a plus fait ; il a
démontré l'impoffibilité de quarrer le Cercle , ou du moins
on nous en affure dans l'Hiftoire Latine de l'Académie fans
nous en donner le Traitté.

1694. *Hift. Latine pag.* 336. *D. Rolle quandam Diophanti*

quæstionem solvit & Circuli Quadraturam impossibilem esse peculiari scripto ostendit.

Si tout le Corps est garant de ce qui s'avance dans cette Histoire, voilà bien l'autorité la plus formidable que l'on puisse opposer à la Quadrature du Cercle. Ces Messieurs sont dans une possession si tranquille du droit de juger en dernier ressort de tous les Traités de quelque Science que ce puisse être, qui merite leur attention, que l'on ne peut sans une espece d'attentat, se refuser à leur décision ; il est pourtant hors de doute qu'ils ne voudroient pas que l'on préferât leur autorité à la verité ; & je do●●e d'autant plus volontiers dans cette opinion que je lis dans l'Histoire de l'Académie, sans l'avoir parcourüe entiere, que sur l'article en question cette savante Assemblée, n'a encore pris aucun parti fixe, & que ce n'est que sur les apparences, sur de trés-grandes vrai-semblances qu'elle est portée à croire la Quadrature du Cercle impossible.

1699. *Hist. pag.* 67. » On a vu d'abord que la Quadra-
» ture indéfinie de la Cycloide dépendoit de celle de son
» Cercle générateur ; & que par conséquent elle étoit im-
» possible selon toutes les apparences.

1701. *Memoir. pag.* 79. » Si les Geométres osoient pro-
» noncer sans des démonstrations absoluës, & qu'ils se con-
» tentassent des vrai-semblances les plus fortes, *il y a long-*
» *tems* qu'ils auroient prononcé tout d'une voix que la Qua-
» drature du Cercle est impossible. Mais du moins comme les
» plus grands génies n'ont fait jusqu'ici que des efforts inuti-
» les pour la trouver, quand on voit que la solution de quel-
» que problême en dépend, on le tient ou pour impossible,
» ou pour résolu, autant qu'il le peut être, si ce n'est que
» l'on trouve quelque moyen d'éviter cet écueil, & de pren-
» dre un autre chemin où il ne se rencontre pas... d'habiles
» Geométres, ont trouvé l'art de quarrer indépendamment
» de la Quadrature du Cercle, telles portions de la Lunule
» (d'Hyppocrate) qu'on voudroit, pourvû cependant qu'elles
» fussent assujetties à une certaine condition ; & c'est cette
» restriction qui empêche la Quadrature des portions de la
» Lunule d'être pleine, parfaite, & selon l'expression des
» Geométres, absoluë & indéfinie.

1703. *Hiſt. pag.* 61. » Il ſemble que l'impoſſibilité ou du
» moins la difficulté juſqu'à preſent inſurmontable, de trou-
» ver la Quadrature abſoluē du Cercle, ſoit pour les Geo-
» métres une eſpece de malheur & de honte, dont ils cher-
» chent à ſe conſoler par la découverte de quelques Quadra-
» tures partiales...

» Monſieur Varignon en a imaginé une fort ſimple ; il
» ne ſe ſert que de la Geométrie d'Euclide, & il ſemble que
» dans ces ſortes de problêmes, ce ſoit une gloire de pou-
» voir ſe paſſer des infiniment-petits qui rendent tout trop fa-
» cile. Il y a deux conditions à la Quadrature partiale de M.
» Varignon ; & c'eſt ce qui la rend partiale, &c.

Concluons de toutes ces citations, que l'Académie ne regarde point encore l'impoſſibilité de la Quadrature du Cercle comme démontrée, qu'ils exigeront de moi néanmoins
une démonſtration des plus fortes, ſi j'aſpire à les convaincre
de mon ſentiment.

SECONDE QUESTION.

S'il étoit bien difficile, de trouver la Quadrature du Cercle?

C'Eſt aſſez l'ordinaire de ceux qui compoſent quelque Ouvrage, de repréſenter avec exageration la difficulté
du ſujet qu'ils traitent pour faire valoir leur travail. Il faut
au contraire diſſimuler la difficulté de la Quadrature du Cercle, ſi l'on ne veut pas voir taxer d'extravagance tous les
efforts qu'il a fallu faire pour avoir ce ſecret.

J'ai preſque été obligé de me diſſimuler à moi-même cette
difficulté, pour ne pas abandonner une entrepriſe qu'une eſpece de déſeſpoir du ſuccès ſembloit rendre criminelle, ſi
j'avois écouté les ſcrupules que me cauſoit une prétenduē
perte de tems, & l'emploi fort équivoque du peu de talent
que Dieu m'a donné. Des travaux très-conſiderables auroient été abſolument ſans ſuccès. Mes recherches ſeroient
retombées dans le néant, d'où j'avois eu bien de la peine à
les tirer, & n'auroient point produit le fruit que le Ciel a

bien voulu leur accorder. Je pourrois ajouter que mes fcru-
pules n'étoient pas peu fortifiés par les dangers d'une conten-
tion d'efprit, d'autant plus génante qu'elle étoit moins libre;
& combien outre cela n'étoit-elle pas continuelle & univer-
felle! Mais ce n'étoit-là que les préludes du fuccès.

Après le fuccès même, ce qui femble rendre encore infiniment ingrat un pareil travail, c'eft que l'on ne fait pas
voir la cent milliéme partie des peines que l'on a prifes. Dans
le fond pourtant on eft parfaitement payé par ce fuccès fi de-
firé, fi l'on amene les chofes au point de ne plus fembler
s'être prefque donné de peine, & l'on eft trop heureux d'a-
voir eu du mal, quand c'eft un moyen fûr de l'épargner déformais aux autres.

Ainfi que l'on ne s'allarme plus du grand nombre de perfonnes du premier ordre par leur efprit & par leur fcience qui
ont échoué fur cet article; c'eft qu'ils ne cherchoient pas
comme il le falloit; j'ai fait moi-même des démarches inutiles, fans nombre, il n'y avoit de néceffaire que ce qui fe
lira dans cet écrit; & combien n'ai-je pas eu de peine à m'y
réduire!

Que l'on ne croie pas non plus qu'il fera donc très-difficile
de fe fervir de ma découverte, puifqu'elle m'a tant coûté à
faire. Pour la pratique, à *peine* fera-t-il plus difficile de
quarrer un cercle qu'un triangle; & les Ouvriers *le pourront*
faire, quand on les aura ftilés, fans favoir d'ailleurs de Geométrie; ce fera un veritable jeu d'enfant; & les Jardiniers
font plus difficilement leur ovale dans les Parterres des
grands jardins qu'ils ne repréfenteront à l'avenir un cercle
afforti de fon quarré fans aucun mécompte. Je ne défefpere
pas de voir bâtir par les curieux des édifices dans le même
goût; mais ne nous arrêtons pas à la bagatelle; il y a trop
de chofes importantes, chacune en particulier, qui devront
leur perfection à cette découverte pour n'en pas faire une
queftion à part.

TROISIE'ME

TROISIEME QUESTION.

Si la Quadrature du Cercle étoit d'une si grande importance à trouver?

Voici quelques Observations qui me paroissent suffisantes pour établir la très-grande utilité de la Quadrature du Cercle.

L'Astronomie, la Trigonométrie Spherique, la Geographie, l'Hydrographie, & dès-lors le Commerce qui a besoin des Voyages de long cours ; tout cela est fondé sur la connoissance du Cercle ; & la moindre imperfection dans les principes de ces Sciences, entraîne des consequences affreuses après elle ; quel malheur n'est-ce pas, si dans l'exercice de la navigation, leurs deffauts font échouer contre les écueils, bien loin de les faire éviter ? Ces deffauts ne sont-ils pas eux-mêmes les écueils les plus redoutables, & n'est-il pas infiniment triste de perir d'autant plus certainement que l'on sait mieux les prétendues regles d'une fausse science ? La Quadrature exacte du Cercle est d'une necessité absolue pour éloigner ces inconveniens. La Rondeur de la Terre, sur-tout aux endroits où la Mer la couvre, donnera lieu de connoître au juste & à coup sûr toutes les routes maritimes ; & les astres dans leur cours décrivissent-ils des ellipses ; elles ne seront pas moins clairement connuës que le Cercle. Tout de même le Cylindre, la Sphere, le Cône, les Corps annulaires, seront mesurés aussi certainement que les parallelepipedes, les Pyramides & tous les autres Polyhedres, dont tous les côtés sont des plans. Le Cercle & les Polygones les plus reguliers, iront de pair pour donner une parfaite facilité de mesurer les corps qui dépendent d'eux.

Mais tous ces avantages demandoient-ils que le Cercle fut quarré en toute rigueur, & ne trouvoit-on pas l'équivalent dans les approximations que l'on avoit poussées à une si grande précision que la veritable Quadrature ne fera pas plus?

A cela, Je réponds que j'ai une trop haute idée de quel-

B

ques-uns des approximateurs, pour parler autrement qu'avec estime de leur travail; qu'eux-mêmes, au reste, ne disconviendront pas que la seule vraie Quadrature ne soit tout-à-fait à priser, parce qu'il n'y a que la verité qui merite une déférence absoluë.

En effet, aucune des approximations qui ont paru, n'a satisfait la curiosité ni fixé les recherches des Savans; ils les ont jusqu'à present continuées avec plus ou moins d'ardeur, selon que plus ou moins ils ont vû luire l'esperance de réüssir; & c'est une nouvelle utilité de la Quadrature du Cercle, de calmer de si grandes agitations, de rétablir tous ces Savans dans la possession tranquille d'eux-mêmes, après le long-tems, peut-être, qu'ils s'étoient oubliés pour se livrer en entier à l'étude des proprietés obscures du Cercle,

Qui poterant vivi sibi se lugere peremptos,

de remettre enfin les Puissances à portée d'employer plus utilement les sujets excellens que cette génante & trop durable occupation leur avoit en quelque façon enlevez. Car, s'il m'est permis de revenir à la matiere de la question précédente; autant que j'en puis juger par moi-même, est-on une fois enfoncé dans le fort de cette recherche; ce n'est plus un amusement, un simple travail, ni l'emploi d'un tems qui se puisse regler; c'est un casse-tête affreux, une continuelle affliction d'esprit, une espece d'ensorcellement. Oüi, s'il avoit été permis de se venger de son plus cruel ennemi, c'étoit cy-devant du goût pour cette étude qu'il falloit tâcher de lui inspirer; & jusqu'à ce jour, qu'illustrera cette particularité? le bonheur des Geometres a été de passer de mille efforts inutiles dans le désespoir de quarrer le Cercle; ce qui nous a produit, outre les confessions publiques de l'impossibilité d'y réüssir, cette espece de Sentence à perte de vûë, que jamais aucun grand Geometre ne cherchoit à y arriver. Ce qu'il y a de certain, du moins, c'est qu'on se cache de s'y appliquer, & que j'ai même été raillé par quelques personnes ausquelles, sans plus d'éclaircissement, je me déclarois possesseur du secret de quarrer le Cercle. On croira peut-être que je m'en formalisois, mais je m'en donnois bien de garde, je leur protestois au contraire, que toutes les railleries, les contradictions, les insultes mêmes, que l'on opposeroit à mes prétentions, me faisoient honneur, parcequ'il m'en seroit plus glorieux de vaincre.

Mon application à la Quadrature du Cercle, a fait sur moi le même effet qu'avoit fait sur Socrate la mauvaise humeur de Xantippe sa femme. Je trouve supportables tous les traitemens qu'on voudra me faire en comparaison de toutes les peines que cette Xantippe m'a fait éprouver. J'aimeraï cependant beaucoup mieux que personne, un jour, ne trouve plus à me contrarier, sur-tout personne de ceux que j'aurai délivrés de la même Xantippe, il ne faudra pour cela que se mettre au fait de ce que j'avance, & ce ne sera certainement pas une chose bien difficile.

QUATRIEME QUESTION.

S'il a été promis quelque prix pour la Quadrature du Cercle?

CEtte question est si délicate à traitter, qu'il vaudroit peut-être mieux attendre pour en parler que l'évenement eût fait voir ce qu'il en devoit arriver, & l'on comprend que l'on seroit dispensé d'en dire un seul mot, si nulle récompense ne donnoit lieu au remerciement. Mais, après tout, s'il n'y a que les Princes ou les Etats Souverains qui soient à portée de décider ce qui en doit être, on peut préluder, de manière sur leur décision que ce qui se dira passe ou pour une humble Supplique très-respectueusement à eux adressée, ou, si on l'aime mieux, pour des réfléxions que le public sembloit avoir droit d'éxiger, & que l'on aura peut-être eu le malheur de ne pas faire tout-à-fait selon son goût.

Quoiqu'il en soit, il semble qu'il faudroit que des Puissances actuellement en place eussent expressément promis la récompense en question, pour que l'on eût quelque sujet de s'y attendre, & il est certain que ce ne seroit plus alors une vaine esperance, ce seroit au contraire une chose parfaitement assurée. Ces Potentats ne manqueroient jamais à tenir leur parole dans cette occasion.

B ij

Mais sans examiner, si c'est une verité qu'avance M. Bayle dans ses nouvelles de la Rep. des lettres, Novembre 1686. comme l'extrait d'un Traitté qui avoit été fait sur la Quadrature du Cercle, que Charles-Quint avoit autrefois promis cent mille écus à celui qui résoudroit ce problême ; & que les Etats d'Hollande, ont proposé un Prix glorieux à tout l'Univers pour la même chose, puisque Charles-Quint n'est plus, & que la Rép. d'Hollande pourroit fort bien se prétendre differente aujourd'hui de celle qui auroit promis autrefois, sans que d'ailleurs l'impression du Livre de M. Bayle à Amsterdam, puisse donner un fort grand poids à son Histoire.

J'ose avancer comme vrai-semblable que plus chaque Puissance auroit été éloignée de promettre avant la découverte, de peur de paroître avoir donné dans la chimere, en reconnoissant la possibilité de la Quadrature du Cercle, & plus quelques-unes des mieux intentionnées pour les Sciences, prendront-elles plaisir à ratifier cette découverte bien averée, d'une approbation digne d'elles ; parceque plus elles auront crû la chose impossible & plus elles viendront à estimer le travail qui en aura surmonté la difficulté. C'est une occasion unique, un évenement attendu depuis que le monde est monde ; & elles n'y feroient pas d'attention ? cela ne paroît pas probable. Or quels avantages ne s'ensuivroient pas pour le Suppliant de la moindre attention qu'auroient pour lui quelques Puissances ? A Dieu, ne plaise qu'un interêt sordide le touche ; la publication autentique & toute honorable de la verité qu'il propose, est sans doute ce qu'il souhaiteroit le plus, & ce qu'il souhaite, à ce qu'il croit, trés-innocemment, plus même pour l'avantage du public que pour le sien particulier : Or quelque palpable que soit sa démonstration, comme elle n'est que pour des Savans, du moins dans un dégré passable ; il convient que l'approbation que donneroient les Puissances à sa découverte par leur gratification, persuaderoit infiniment plus de gens qu'il n'auroit pû faire lui seul, que ne pourroit faire seule en Corps toute la République des Lettres, laquelle, au reste, il espereroit voir se réunir pour célébrer les magnifiques Souverains, qui ausoient honoré un trait de Science de leurs bienfaits. En son particulier le Suppliant s'y employeroit certainement de son mieux ; & ce ne seroit pas nonchalance de sa part , si son mieux ne répondoit pas à ce qu'on auroit pû esperer de lui.

Quoiqu'il en arrive , pour empêcher que l'on n'insulte à mon procedé , je prouverois aisément qu'il pourroit y avoir autant de fausse vertu à paroître fort détaché de toute vûë, & tout-à-fait éloigné de rien souhaiter ; que l'on voudroit trouver mauvais que prenant un parti contraire j'aye fait profession de ne pas renoncer absolument à toute esperance. Il est certain du moins que mes sentimens font beaucoup plus d'honneur aux Têtes couronnées que ceux de mes contradicteurs. N'est-ce pas comme un Prince porté à faire du bien, que l'Empereur Tite passoit pour les délices du genre humain ? & quelle réputation fut jamais plus à desirer ?

Voici donc ce qui s'ensuit de ces réfléxions. D'un côté quand bien même les Souverains n'honoreroient d'aucune gratification la découverte de la Quadrature du Cercle; j'aurois dû par estime pour eux croire le contraire. Et de l'autre côté, si j'eusse été assez mal avisé pour avoir quelque défiance du succès de la démarche que je fais ici à leur égard ; j'aurois dû désavoüer & détester ouvertement de si mauvaises dispositions , ce que n'auroit pas fait mon silence ; mais si l'on veut absolument désaprouver que je me sois échappé de parler sur cette matiere , on ne désaprouvera pas apparemment que je m'en taise maintenant. Je n'en dirai donc rien de plus , quoique je voie distinctement qu'il seroit aisé de la traitter beaucoup plus au long.

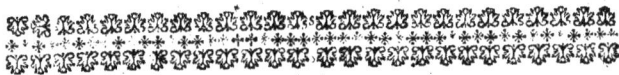

SECOND LIVRE.
EXPOSITION
DE LA QUADRATURE DU CERCLE.

I. **I**L y a bien des manieres de chercher la Quadrature du Cercle , par lesquelles elle est impossible ; mais il suffit qu'elle soit possible par un seul endroit , & que l'on y tombe, pour que toutes les décisions qui ont été faites contre ce projet, soient tout-à-fait nulles , & ne doivent plus allarmer personne.

II. Ainsi 1°. Qu'une ligne courbe ne se puisse jamais mesurer immédiatement par l'ouverture du Compas. 2°. Qu'il ne soit pas moins impossible qu'une figure plane sous un même perimètre , soit cercle & quarré ; ensorte que jamais apparemment des idées aussi absurdes n'auront été prises pour le problême que j'entreprens de résoudre. 3°. Que par les series, quelque perfection qu'on leur donne, & par toutes les autres sortes de pures approximations , on ne puisse jamais arriver ni à la connoissance certaine du point où l'on en est par rapport au Cercle, ni à sa juste dimension; ce sont des principes incontestables qui prouveront bien que par ces routes jamais le Cercle ne sera quarré : mais on auroit tort d'en conclure l'impossibilité de le quarrer par quelque route que ce puisse être. Je crois donc pouvoir dire pour l'honneur des grands hommes qui ont parû se déclarer contre la possibilité de la Quadrature dont il s'agit, qu'ils n'ont parlé que par rapport à leur maniere de la chercher, & c'est sur ce pied que je ne les regarderai pas même comme contraires à mon dessein. L'on me dispensera par conséquent de faire une plus ample mention de leurs differentes méthodes ; & je souhaite que le Cercle soit le seul ancien adversaire avec lequel il faille lutter.

C'eſt le Plan même de cette fameuſe figure que je prétens méſurer par le ſecours de ſes parties & de ſes accompagne-mens. Et c'eſt ce que je vas répeter en partie comme l'état de la queſtion.

III. Il s'agit pour quarrer le Cercle, de trouver une figu-re plane & rectiligne, ou bien tout de ſuite un quarré dont on démontre l'égalité avec le plan ou l'aire du Cercle. Voici le chemin que je prens pour y arriver. •

IV. Les ſegmens ſemblables ſont ceux qui comprennent des angles égaux. *Euclid. liv.* 3. *def.* 11.

V. Que les Cercles ſoient inégaux & d'une proportion con-tuë, des figures ſemblables qu'ils renferment, ou, dont ils ſont immédiatement entourés, les lignes droites qui en ſont des côtés ſemblables & ſemblablement ſitués, ont une même raiſon aux rayons de leurs Cercles ; & l'on connoîtra leur proportion, dès que l'on connoîtra celle des rayons. *Euclid. liv.* 6. *prop.* 20. 22. 31. *& liv.* 12. *prop.* 1. *& 2.*

VI. Il ne s'enſuit point delà que les cordes des arcs de Cercle ſoient toujours entr'elles comme leurs arcs ; ce ſeroit une propoſition abſurde. Je dis ſeulement, parce que je n'ai que faire d'une concluſion plus générale, que dans mes cer-cles proportionnels les cordes ſemblables ſont entr'elles & comme leurs arcs & comme les rayons de leurs cercles. *Eu-clid. ibid.*

VII. Les Rectangles qui ont une dimenſion commune ou égale, ſont entr'eux comme leur autre dimenſion. *Euclid. liv.* 6. *prop.* 1. & par conſequent faire ſur cette autre dimen-ſion les operations d'Arithmétique, addition, ſouſtraction, multiplication, diviſion, en négligeant la dimenſion com-mune, comme on en a le droit ; c'eſt les faire ſur les rectan-gles. *Euclid. liv.* 5. *prop.* 15.

Scolie. Et c'eſt la méthode que je ſuivrai dans ce Traitté, tant que je n'avertirai pas du contraire ; elle donne plus de fa-cilité à comparer enſemble differentes quantités. Le plus ſim-ple ſe doit toujours préferer au plus compoſé, ſi l'utilité du plus ſimple n'eſt pas effacée par quelque inconvenient qui ne ſe rencontre point ici. C'eſt après Dieu à cet abregé que je crois devoir l'eſſentiel de ma découverte.

VIII. Les figures planes semblables sont entr'elles en raison doublée, ou comme les quarrés de leurs côtés homologues. *Euclid. liv. 6. prop. 19. 20. & 31.*

IX. Construction de la figure par laquelle Hyppocrate a
quarré sa Lunule. (Figure premiere) je décris un Cercle à
une ouverture quelconque du Compas, j'en applique le rayon
à la circonference, & formant un second Cercle sur ce
rayon comme diametre, je fais passer une ligne droite indéfinie de part & d'autre par les centres de ces deux Cercles.
Enfin regardant comme troisiéme centre, le point de la circonference du moindre Cercle, lequel point se trouve entre
les deux premiers centres dans la ligne droite qui les joint,
par les extrémités du rayon appliqué au grand Cercle, je
décris un troisiéme Cercle moyen proportionnel entre *les*
deux autres. Les trois sont entr'eux comme 1. 2. 4. parcequ'ils sont comme les quarrés de leurs diametres, & que parmi ces quarrés celui de l'hypothenuse est égal aux quarrés
des deux côtés du triangle rectangle que peuvent former ces
diametres, en comparant deux à deux les Cercles; ensorte
que le Cercle moyen en soit toujours un, & que pour former les côtés du triangle rectangle, dont il s'agit, celui des
deux diametres membres de la comparaison, qui est le plus
petit, *soit répeté pour que le plus grand soit l'hypothénuse.*
Euclid. liv. 1. prop. 47. & liv. 6. prop. 31.

X. Définitions de nom. Appellant contre l'usage grand
Segment (fig. 1. A D B) celui que forme le rayon du grand
Cercle, applique au Cercle moyen, avec le moindre arc du
même moyen Cercle, parce qu'en effet ce Segment est plus
grand que celui que forme le même rayon avec le moindre
arc du Cercle 4, lequel dernier Segment par cette raison se
nommera le petit Segment (fig. 1. A C B) & que je ne parlerai gueres que de ces deux Segmens; j'ai pour difference des
deux une espece de croissant que j'appellerai sou-Segment
(fig. 1. B R C A D B.) Aussi-bien que les Cercles leurs segmens semblables, sont entr'eux en raison doublée de leurs
côtés homologues; & par consequent, prenant dans plusieurs
cercles proportionnels nos deux sortes de Segmens semblables, les grands & les petits comparés deux à deux, qu'il
                                                    faudra

faudra diftinguer par les deux premieres Lettres de l'alpha-
bet ; il eft évident qu'il y aura même raifon du petit au grand
Segment dans l'une & l'autre comparaifon ; car les petits auffi-
bien que les grands , étant entr'eux comme leurs cercles.
(*Euclid. liv. 6. prop.* 20.) on peut établir cette proportion.
Comme le petit Segment A. eft au petit Segment B. de même
le grand Segment A. eft au grand Segment B. & par conféquent *alternando.* Comme le petit Segment A. eft au grand Segment A. de même le petit Segment B. eft au grand Segment B.

XI. Définitions & conftructions. Faifant paffer par les
deux extrémités du rayon appliqué au grand Cercle , deux
perpendiculaires à ce rayon & les joignant , par ce qu'elles
peuvent renfermer des tangentes des deux grands cercles , lefquelles font paralleles au même rayon ; j'ai deux figures mixtes & comprifes chacune entre quatre lignes , dont trois font
droites & une circulaire. La figure mixte du Cercle moyen
fe nommera donc le grand quadriligne (figure premiere.
A P D B E) & celle qui eft appliquée au grand Cercle s'ap-
pellera le petit quadriligne. (*ibid.* A F C B Q) & leur différence fou-quadriligne (*ibid.* GADBHDG.) Je raifonne de ces
quadrilignes , comme j'ai fait des fegmens ; parce que dans
nos cercles proportionels , les quadrilignes femblables font
entr'eux comme leurs cercles. Les fou-fegmens & les fou-
quadrilignes ne font pas moins des quantités planes propor-
tionelles que tout le refte. *Euclid. liv. 6. prop.* 20.

XII. Définitions & mefures évidemment connuës , ou
par la fimple infpection, ou par la conftruction. Dans la moitié de l'Hexagone infcrit au Cercle 4 j'ai le Cercle 2 moins
trois petits fegmens. Si je fouftrais cette quantité du Cercle
2 revêtu de 4 grands quadrilignes , il me reftera trois petits
fegmens , plus 4 grands quadrilignes (J'appelle grande figure
toute, le grand fegment, plus le grand quadriligne , en A E
figure premiere, au lieu que B F *ibid.* fera la petite figure
toute , c'eft-à-dire , le petit fegment, plus le petit quadriligne ; & enfin. F E *ibid.* la fou-figure toute , c'eft-à-dire,
l'excès , de la grande figure toute fur la petite ; lequel eft
égal à G D H B C A. *ibid.* parce qu'ils font formés des 2 mê-

C.

mes élemens.) Que j'ôte donc les trois petits fegmens, plus
4 grands quadrilignes, qui précédent la parenthefe, de 4
grandes figures toutes ; j'ai un petit fegment, plus 4 fou-
fegmens. Si 1°. je double cette quantité ; & que j'ôte du
produit la petite figure toute ; j'ai l'excès du petit fegment
par-deffus le petit quadriligne, (lequel excès je nommerai
quadrifegment, parceque l'on connoît évidemment par la
fimple infpection qu'il eft compofé de quatre des douze petits
fegmens, que forme avec la circonférence du Cercle 4 le
dodécagone qui lui eft infcrit. A R C O figure premiere,
eft un de ces petits fegmens ;) j'ai, dis-je, le quadrifegment,
plus 8 fou-fegmens. Je les ôte de 8 fou-figures toutes ; j'ai
8 fou-quadrilignes moins le même quadrifegment. Si je joins
2°. un petit fegment, plus 4 fou-fegmens à 3 petites figures
toutes ; j'ai 3 petits quadrilignes, plus 4 grands fegmens.
La différence de ce tout d'avec 4 grandes figures toutes, vaut
un petit quadriligne, plus 4 fou-quadrilignes. Que j'ôte cette quantité de la petite figure toute ; j'ai leur différence, laquelle, quand elle fera placée à propos, quarrera le Cercle ;
& par cette raifon, elle va fe nommer, la Quadratrice ; bien entendu qu'un pareil nom, ne peut pas fervir de preuve ; par
les noms que l'on impofe foi-même, on ne prouve rien.

Lorfque dans cette opération, j'ôte un petit quadriligne,
plus 4 fou-quadrilignes de la petite figure toute, c'eft-à-dire,
d'un petit quadriligne, plus le petit fegment, il eft évident,
que c'eft ôter 4 fouquadrilignes du petit fegment. Ces 4
fou-quadrilignes, font plus grands qu'un petit quadriligne,
d'une quantité que j'appellerai fou-quadrifegment, parceque
la quadratrice & lui réunis forment le quadrifegment.

Voilà tout ce que je ferai obligé de forger de noms, pour
me faire entendre ; mais ceux-là doivent être connus fami-
lierement, fi l'on veut me fuivre fans difficulté.

XIII. Scolie. Si l'on s'eft familiarifé avec ces élemens ;
on a remarqué des quantités qui n'affectoient plus d'aller en
nombre égal avec leurs compagnes ordinaires ; car fi j'ai d'un
côté, dans la petite figure toute, un petit fegment & un petit
quadriligne ; dans la grande figure toute, un grand fegment
& un grand quadriligne, & dans la fou-figure toute, un fou-

fegment & un fou-quadriligne ; j'ai auffi de l'autre côté ; trois
petits fegmens & 4 grands quadrilignes ; trois petits quadrilignes & quatre grands fegmens ; un petit fegment & 4 fou-
fegmens ; un petit quadriligne & 4 fou-quadrilignes ; le quadrifegment , plus huit fou-fegmens ; huit fou-quadrilignes,
moins le même quadrifegment. Et il me femble que l'on doit
prendre plaifir à voir des figures mixtes ou curvilignes , ne
plus affecter de s'affortir entr'elles, une à une ; & donner
dés-lors à efperer qu'elles viendront à s'ifoler tout-à-fait.
J'avouë pourtant que pour arriver là , il y a encore quelques
pas à faire.

On a pû tout de même comprendre , par la frequentation
de nos élemens qu'en les féparant , ou les mettant au contraire à la compagnie de differentes quantités , fuivant le befoin,
par exemple , des quarrés infcrits dans les Cercles 2 & 4, de
l'Hexagone infcrit , &c. on a fur une même ligne , le Cercle
2 , plus trois petits quadrilignes ; le Cercle 2 , plus 4 grands
quadrilignes ; le Cercle deux , plus douze fou-fegmens ; le
Cercle 4., moins 3 quadrifegmens, &c.

XIV. Autre Scolie. C'eft le compas , comme l'on voit,
qui nous donne toutes ces quantités , lefquelles fe mefurent
non-feulement comme plans rectilignes , mais même fur une
même ligne droite : nous n'attribuerons donc d'infaillibilité
au compas que ce qu'il en a pour les figures rectilignes , pour
lefquelles la Geometrie ne la lui refufe point , parcequ'elle
ne voit d'erreurs poffibles, quant à la mefure de ces figures,
que les erreurs qui viennent de l'Ouvrier mal adroit ; ce
n'eft jamais ni au compas jufte , ni à la bonne regle , ni au
plan parfait qu'elle les attribuë ; & elle fuppofe toutes les per-
fections que je viens de diftribuer à nos differens inftrumens,
fans examiner même , fi elles exifterent jamais ou non.

XV. Theorême. Le Cercle deux auquel il manque trois
petits fegmens , n'eft point rendu parfait par l'addition de
deux petites figures toutes ; il lui faut encore deux tiers
de la quadratrice. La quadratrice toute entiere eft par conféquent pour le Cercle trois , aux conditions cy-deffus & toute
proportion gardée. Les corollaires qui vont fuivre , feront
déja en attendant le refte une efpece de preuve de ce Theo-

rême ; ils ne sont autre chose que le Theorême plus dévelop-
pé. Je veux établir que bien d'autres parties du Cercle, se
perfectionnent par celles de la quadratrice, dont les tiers,
les quarts, les sixièmes, les moitiés, se retrouvent presque
partout.

XVI. Corollaires. 1°. une petite figure toute, vaut trois
petits quadrilignes, plus deux tiers de la quadratrice. 2°.
deux petites figures toutes, valent trois petits segmens moins
deux tiers de la quadratrice. 3°. 4 grands quadrilignes, contiennent six petits quadrilignes moins un tiers de quadratrice. Ils contiennent encore d'un autre côté deux petites figures toutes moins une quadratrice & deux tiers. 4°. 12 sou-
quadrilignes, contiennent 4 grands quadrilignes moins deux
tiers de la quadratrice.

Autres Corollaires. Une petite figure toute, avec deux petits quadrilignes, plus 8 sou-quadrilignes, valent 9 petits
quadrilignes.

Qu'au Cercle 2, plus 4 grands quadrilignes, j'ajoute un
tiers de quadratrice ; j'ai le Cercle 2, plus six petits quadrilignes : j'ai naturellement d'un autre côté le Cercle 4, plus
six petits quadrilignes ; & par conséquent ôtant le premier
du second ; j'ai le Cercle deux. De pareils raisonnemens ne
s'exprimeront plus.

Que du Cercle deux moins 12 sou-quadrilignes, j'ôte encore deux tiers de quadratrice ; j'ai le Cercle deux moins quatre grands quadrilignes.

J'en ôte encore un tiers de quadratrice ; j'ai le Cercle deux
moins six petits quadrilignes.

Que du Cercle deux moins trois petits segmens ; j'ôte encore deux quadratrices ; j'ai le Cercle deux moins six quadrisegmens.

Après avoir doublé le dodécagone inscrit au Cercle 4 ;
j'en ôte le Cercle 2 moins six quadrisegmens ; j'ai le Cercle 6.

Du Cercle deux, plus trois petits quadrilignes ; j'ôte un
petit quadriligne, plus quatre sou-quadrilignes ; & je joins ce
reste au Cercle deux, plus 4 grands quadrilignes ; j'ai le
Cercle 4, plus six petits quadrilignes ; j'y joins encore le

Cercle deux, plus trois petits quadrilignes & du tout, j'ôte 1°. une petite figure toute, 2°. deux petits quadrilignes, plus 8 fou-quadrilignes ; j'ai le Cercle fix dans ce qui refte après ces operations.

XVII. Scolie. Ces fources de mille analogies, ces mêmes affortimens de tant de differens materiaux, devroient, dis-je, fuffire pour engager à s'en tenir au point précis qu'elles indiquent pour y placer les bornes du Cercle. Mais comme il eft naturel de me demander fur quoi je fonde toutes ces prétentions ; je renvoye au calcul qui viendra dans le Livre fuivant, pour la veritable démonftration. Je veux feulement avant que d'y paffer, faire une digreffion qui vaudra ce qu'on voudra la faire-valoir. Elle ne-contiendra du moins que la verité. Elle employera encore, contre ce que j'avois annoncé, quelques nouveaux noms ; mais avec leur explication.

XVIII. Theorême. La Lunule d'Hyppocrate étoit de nature à pouvoir être quarrée & démontrée telle d'une grande facilité. 1°. Cette Lunule. 2°. le quart du quarré infcrit. 3°. notre grande figure toute, quand elle eft dans fon naturel entre les lignes droites, qui achevent en triangle, le quart du quarré circonfcrit au-deffus du quart de quarré infcrit (ACEG. feconde figure, Nous lui donnerons le nom de grande figure toute, naturelle ; & à celle dont nous avons parlé avant cet article, le nom de grande figure toute, artificielle, pour les diftinguer, quand l'équivoque fera à craindre) les trois quantités, dis-je, renfermées fous le 1°. 2°. & 3°. de cet article, contiennent très-réellement, quoique differemment fitué, le grand quadriligne de la grande figure toute naturelle, lequel nous pourrons lui-même appeler le grand quadriligne naturel (ibid. EBGH. ou AEBGC.) & l'autre l'artificiel ; & il eft impoffible de ne pas reconnoître la verité de ce que j'avance, dès que l'on y fait attention ; il n'y a donc plus de difference que pour le grand fegment, lequel dans la grande figure toute, & dans le quart du quarré infcrit, eft tout d'une piece, & divifé en deux fegmens dans la Lunule d'Hyppocrate, lefquels deux fegmens pris enfemble font égaux au précédent, parce qu'ils lui font femblables, & fegmens d'un Cercle fou-double. Euclid. liv. 6. prop. 20?.

XIX. Conſtructions & corollaires, prouvés par la même propoſition d'Euclide. Et cela fournit une maniere facile, d'avoir tant de ces ſegmens & de cercles mêmes que l'on en voudra, qui croiſſent en raiſon double d'un côté ; & qui par conſéquent décroiſſent en raiſon ſou-double de l'autre ; il ne faut pour cela que former en même ſituation dans un quart de Cercle, tracé ſur le Carton, des ſegmens qui bornés par cet eſpace, ne ſe touchent les uns, les autres, que dans un point, (*ibid.* EBG double de KFI) & l'on a réuſſi dans ſon entrepriſe. Et cela n'eſt pas plus palpable pour les ſegmens que pour les cercles que l'on achéve de décrire, ſi l'on ſouhaite, dès que l'on a tracé leurs ſegmens. Les Quadrilignes ſuivent les mêmes loix que leurs cercles & les ſegmens : Et, ce qu'il eſt impoſſible de ne pas voir, ſi l'on veut, de même que les quatre grandes figures toutes & naturelles, ſont égales au quarré inſcrit qu'elles entourent ; de même auſſi la bande circulaire, enfermée entre deux circonferences de Cercle tracées en conſéquence de la deſcription de nos ſegmens & à la hauteur d'un d'entr'eux priſe pour diſtance ; cet eſpace, dis-je, où cette bande circulaire eſt égale à tout le Cercle, lequel au-deſſous occupe le centre (*ibid.* EBGIFK, eſt égal à KFIL) enſorte que le Cercle dans tout ce qu'il contient, n'eſt compoſé que de ſegmens & de quadrilignes naturels. Le Cercle, 2 de 8 grands ſegmens & de 4 grands quadrilignes ; le quarré inſcrit de 4 grands ſegmens & de 4 grands quadrilignes ; & le quarré circonſcrit du double. Pour avoir la différence, qui de quatre grands quadrilignes artificiels, en fait 4 naturels, laquelle différence je nomme le ſupplément ; j'ôte 4 grandes figures toutes artificielles du quarré inſcrit au Cercle deux ; j'ai dans le reſte ce ſupplément.

Je paſſe maintenant à la partie de ce Traitté, laquelle roule ſur les nombres ; non pas que j'aie en vûë, d'engager à ſe ſervir des nombres plutôt que du compas pour quarrer dans la ſuite tout Cercle, que l'on voudra quarrer ; rien n'eſt plus oppoſé à mes intentions ; & je ſuis perſuadé que déformais, le compas ſera le ſeul moyen employé pour cet uſage. L'on a dans l'Article XVI. de ce Livre, pluſieurs

manieres très-faciles d'y réuffir ; mais il s'en préfentera beaucoup d'autres , dés que l'on entendra nos principes ; Un
chacun pourra mettre en ufage celle qu'il trouvera la plus
facile. Je paffe donc enfin à mon Livre de calcul , vers la
fin duquel je mettrai encore quelque chofe qu'il paroîtra
que j'aurois dû ajouter ici ; puifqu'il femble que ce feroit
ici la place de ce problême , quarrer le Cercle par le compas ; mais je dirai pour lors la raifon de cette tranfpofition ;
il feroit inutile d'en parler deux fois.

TROISIE'ME LIVRE.

EXPOSITION ET DEMONSTRATION
DE LA QUADRATURE DU CERCLE
PAR LES NOMBRES.

I. **S**Colie. La Geometrie & la Trigonométrie, qui en eſt une branche, ſuppoſent les figures déja faites, quand elles entreprennent de les meſurer ; l'Arithmétique a le même droit. Il s'agit donc ici de meſurer par cette derniere Science, preſque les mêmes quantités que dans le Livre précédent, à peine y en ajouterai-je de nouvelles. L'on va voir des fractions d'une très-longue déduction ; on aura la bonté de m'excuſer, ſur ce que je n'ai rien voulu laiſſer perdre, afin de pouvoir déterminer exactement le rapport du diametre du Cercle à ſa circonference. Si l'on remarquoit que, ſans abſolument *rien perdre*, je *pouvois réduire* mes fractions à des termes beaucoup plus commodes ; je conviendrai *volontiers* de mon peu d'adreſſe ; mais j'en aurai été le ſeul à plaindre, ſi, comme je ſçai que l'on doit en convenir, mes nombres, malgré leur embarras, ne péchent en rien contre l'exactitude ; & cette derniere condition eſt la ſeule que j'avois eſſentiellement à cœur de bien établir.

J'ai toujours donné à mes fractions, pour dénominateur, le double de la racine plus un, & pour numerateur, ce qui reſtoit, les entiers prélevés, quand il a été queſtion, de ce qu'on a coûtume d'appeler les racines incommenſurables. C'eſt toujours l'égalité du dénominateur d'une fraction de cette nature, avec ſon numerateur, qui forme chaque unité de la racine, comme le nombre d'unités qu'exprime ce dénominateur, forme avec le quarré précédent le quarré immédiatement ſuivant dans l'ordre des nombres. Et la méthode

thode que je fuis, ne céde en rien à l'exactitude qui fe reconnoît par tout le monde dans les fractions ordinaires, formées des reftes de divifion. Comme il n'y a que cette voye
qui ne foit point arbitraire ; c'eft la nature qui nous veut
elle même conduire par ce chemin ; & je fuis perfuadé que
perfonne au fait de ces matieres, ne l'évite qu'à caufe des
difficultés que l'on y rencontre, comme, par exemple, de réduire fans perte ni gain, ces fractions à de moindres termes ;
& j'avoüe que des fractions auffi longues que les miennes,
font extrémement incommodes ; mais quand on obtient, en
prenant la peine à gré, ce que l'on cherchoit, & qu'on avoit
très-grande raifon de chercher, on eft tout confolé d'avoir
eû à dévorer ces difficultés ; & je le répéte, elles ne préjudi-
cient en rien à l'exactitude parfaite du calcul, laquelle ne
peut même s'établir d'aucune autre maniere que de la nôtre.
Or, eft-ce peu de chofe que de frapper à coup fûr au but, &
de rencontrer en toute rigueur l'indivifible que l'on cherchoit ?

II. Maintenant donc, Pour le Cercle 2. foit le rayon,
comme il eft dans les Tables ordinaires des finus & des tangentes. . . . . 10000000.

Les quantités fuivantes, fe pourront déterminer comme
on le va voir, jufqu'à ce que l'on foit obligé de les changer
pour les réduire à la même dénomination que d'autres quantités.

$$\text{Définitions. Le Sinus de } 45^\circ. \quad 7071067. \frac{11481511.}{14142135.}$$

$$\text{Le Sinus verfe de } 45^\circ. \quad 2928932. \frac{2660624.}{14142135.}$$

$$\text{Le rayon du Cercle 4} \quad 14142135. \frac{8820887.}{14142135.}$$

Le même réduit au nom ou à la dénomination de fa fraction, y joint même le numérateur. . . 199999991178112.

Il a paru inutile, de marquer le dénominateur dans les
endroits, ou, comme ici, contre la coûtume, il va ne fe point
voir ; on le connoîtra déja, fans qu'il foit exprimé de nouveau.

Quarré du rayon du Cercle 4 en même dénomination.

. . . . . 3999999647124487782570788454.4

D

III. Après avoir réduit les entiers de la moitié du rayon du Cercle 4 à la dénomination de sa fraction ; j'y joins le numérateur ; j'ai la moitié du rayon du Cercle 4 reduite à la dénomination de la fraction. . . . 99999995589556.

Je multiplie cette moitié par elle-même ; j'ai pour le quarré de la moitié du rayon, en dénomination de fraction.
. . . . . 9999999117911219452016277136.

J'ôte cette quantité du quarré du rayon du Cercle 4 en même dénomination, comme il se voit cy-dessus ; j'ai pour reste en même nom de fraction, le quarré du Sinus du complement de 30.° Cercle 4 (quoique ce ne soit pas un nombre quarré, comme ce terme se prend ordinairement ; ce qu'il suffira d'avoir remarqué une seule fois)
. . . . 2999999735333365837369160740 8.

IV. J'extrais la racine quarrée de cette quantité ; j'ai pour le Sinus du complement de 30.° Cercle 4
$$\text{a . . . } 173205073116619. \frac{3245437176 16247.}{14142135. \quad 3464101462 33239.}$$

J'opérerai dans un moment sur la fraction de fraction ; je commence par diviser le numérateur de la fraction par son dénominateur, pour avoir des entiers ; j'ai pour les entiers du Sinus du complement de 30.° Cercle 4
$$\text{12247448. } \frac{10095139.}{14142135.}$$

Maintenant donc, pour faire usage de la fraction de fraction cy-dessus, & la réduire à la dénomination de cette dernière ; j'établis cette analogie : comme 346410, &c. sont à 324543, &c. de même 14142135, sont à ... J'ai pour produit de la multiplication des moyens, 4589741067 9-30843267345, & pour quotient de la division de ce produit par le premier terme de la proportion.
$$\text{13249441. } \frac{273612170897946.}{346410146233239.}$$

Et comme ce qui paroît être des entiers dans ce quotient ; ce ne sont au fond que des 14142135es.
Je les joins au numérateur cy-dessus. . . . 10095139.
J'ai par cette addition. . . . . . 13249441.

la fomme . . . . 23344580.
J'en ôte le dénominateur . . . . 14142135.
Il revient un entier au Sinus du complement de trente dé-
grés Cercle 4 ; & il reste pour fraction. . . . $\frac{9202445}{14142135}$.

J'ai donc deux fractions, dont il me reste à faire l'emploi, ou
plûtôt une fraction & une fraction de fraction que voici.

$$\frac{9202445}{14142135} \cdot \frac{273612170897946}{346410146233239}.$$

Je les réduis en une feule fraction, en multipliant & numérateur par numérateur, & dénominateur par dénominateur ;
il en refulte la fraction.

$$\frac{2517900954018948677970}{4898779053400207425265}.$$

Je la réduis par le diviseur exact 2205. à fes moindres termes, quoique compofés encore d'une furieufe enfilade de
chiffres, en y joignant en même tems les entiers du Sinus
du complement de 30.º Cercle 4, lequel Sinus dès-lors fera
tout-à-fait exact.

$$12247449 \cdot \frac{1141905194566416634}{2221759207891250533}.$$

Comme il eft donc impoffible de diminuer ces nombres de
chiffres fans perte ni gain, parceque l'on ne trouve que l'u-
nité pour diviseur exact & commun, je me fuis volontiers
déterminé à effuyer l'incommodité des longs calculs, plûtôt
que d'abandonner la juftefse & la précifion avec laquelle je
veux tâcher de déterminer le rapport de la circonference du
Cercle au diametre, & pour continuer mes operations avec
cette fraction, quelque longueur de calculs qu'elle doive en-
trainer après elle.

V. Je réduis fimplement cette fraction & celle du Sinus
de 45.º Cercle 2, laquelle fe trouve cy-devant dans l'Article II. Je réduis, dis-je, ces fractions en même dénomination, j'ai pour le Sinus de 45.º Cercle 2. entiers &
fraction, de laquelle fe confervera déformais le dénominateur.

$$7071067 \cdot \frac{25509152784754679798395363}{31420418655491130356507955}.$$

Et pour le Sinus du complément de 30.° Cercle 4.

$$12247449. \frac{16148977418759530504273590.}{3142.} \text{ comme cy-deſſus.}$$

VI. Ce ſont ici tous corollaires : Rayon du Cercle 4.

$$14142135. \frac{19597886914018229140282771.}{3142.} \&c.$$

La grande Figure toute.

$$2928932. \frac{59112658707364505581112592.}{3142.} \&c.$$

La petite Figure toute.

$$1894686. \frac{3448909495258698736009181.}{3142.} \&c.$$

Le Cercle 4 moins ſix petits Segmens.

$$36742348. \frac{17026513600787461156312815.}{3142.} \&c.$$

La Quadratrice. $92054. \dfrac{10486363039955624405967948.}{3142.} \&c.$

VII. Conſtruction. Je double la pénultiéme quantité ; & je lui ajoute deux Quadratrices & deux tiers, avec huit petites Figures toutes ; j'ai le Cercle huit.

$$88887663. \frac{27937854463631169841650602.}{3142.} \&c.$$

Scolie. Il ſemble que dans la *démonſtration* que j'ai à donner de cette propoſition, on devroit me paſſer qu'il ſuffit d'employer pour moyen la fameuſe autorité d'Archimede. En effet, ne ſeroit-ce pas montrer que c'eſt le Cercle que je donne, de la maniere dont je le forme, que de faire voir mes deux nombres du diametre & de la circonference dans les limites de ce Geométre ; & voici comme j'établirois cette verité.

La circonference du Cercle 4, (laquelle eſt nôtre Cercle 8.) contient trois fois le diametre du même Cercle 4 ; & de plus une quantité plus petite qu'un ſeptiéme de ce diametre, & plus grande que dix ſoixante & onziémes. Deux ou trois régles d'Arithmétique le font voir ; mais je n'oſe les inſerer ici ; j'effaroucherois le Lecteur par un ſi grand étalage de nombres. En voici ſeulement le réſultat, de peur que l'on ne doutât que j'en eusse fait le calcul, comme je l'ai fait véritablement après avoir réduit les entiers au nom de la fraction. C'est ainsi que s'expriment les Limites d'Archimede.

Limites.

Premieres. 22.) (223. Secondes
7. 71.

En comparant ma circonference & mon diametre, avec les premieres d'abord, & ensuite avec les secondes limites ; je verrai dans chaque comparaison par les deux produits des moyens & des extrémes, laquelle des deux raisons sera la plus grande ; ce sera celle sur laquelle par la multiplication en croix, se trouvera le plus grand produit. Or le résultat de mes operations a été tel pour les premieres limites, que le produit de mon diametre par vingt-deux a donné. . . . .

. . 614315692185941132640498919767452102302701318108934168933920.

Et le produit de ma circonference par 7. a donné. . .

. . 61428. &c. *même quantité de chifres que dans le nombre précédent 60. dans l'un & dans l'autre ;*

Au lieu que pour les secondes limites, le produit de mon diametre par 223. a donné. . . . . .

. . 622692724352113057176505723218826449152-2836088104196348739280.

Et le produit de ma circonference par 71. a donné. . . .

. . 650980. &c. *soixante & un chifres, comme au grand nombre immédiatement précédent.*

On voit le premier produit du diametre plus grand que celui de la circonference ; & au contraire le second produit du diametre plus petit que celui de la circonference ; c'est en d'autres termes, ce que demande Archimede ; on en peut conclurre l'expression de ce Géometre.

Que si ce moyen ne satisfaisoit pas pleinement les Savans, ne se contenteroient-ils pas du moins des analogies qui s'ensuivent de mes prétentions, & des raisons spécieuses qui établissent ma proposition ? en voici quelques-unes.

1°. Que l'Hexagone inscrit au Cercle 4. soit distribué pro-

portionellement à tous nos Cercles, ce que fait leur Hexagone infcrit à chacun en particulier ; il leur faut encore à tous
un nombre de nos fegmens du rayon du Cercle 4 , de fes petits quadrilignes & de tiers de la quadratrice, qui foit égal au
nombre , dont ces cercles tirent leurs dénominations de Cercle 1 , Cercle 2 , Cercle 3 , &c. c'eſt-là ce que valent les fix
petits fegmens de leur rayon à chacun en particulier. Au
Cercle 1. il faut un petit fegment, un petit quadriligne , &
un tiers de quadratrice ; au Cercle 2. il faut deux de toutes
ces chofes ; trois au Cercle trois , &c.

2°. Pendant que nous prenons toutes nos quantités du Cercle 2 & du Cercle 4 , c'eſt le Cercle 3. que la plus petite de
nos quantités va quarrer. Le Cercle 2 & le Cercle 4 devoient, ce femble, afpirer les premiers à ce privilége ; mais
le Cercle 3 s'en empare , & s'il eſt permis de glifler un mot,
qui paroîtra peut-être badin ; l'on voit fe verifier en eux le
principe , *inter duos litigantes tertius gaudebit.*

3°. Le fou-quadrifegment , le petit quadriligne, la moitié
du petit fegment, & le quadrifegment , dans l'ordre où les
voilà exprimés , vont croiſſant en proportion arithmetique,
leur difference eſt le tiers de quadratrice. *Item*, deux fou-quadrifegmens , quatre fou-quadrilignes, & deux petits quadrilignes , ont la même proprieté.

Il fe découvrira fans doute beaucoup d'autres arrangemens
dans la fuite, qui feront admirer de plus en plus l'ordre qui
regne dans la nature des parties du Cercle. Encore une fois
donc, ne fuffiroit-il pas d'avoir découvert ces arrangemens
pour avancer comme démontré que c'eſt le cercle que tous
ces motifs nous doivent faire voir dans les bornes que nous
lui prefcrivons , non plus à peu près, comme Archimede,
mais telles précifement qu'il ne peut y avoir de plus ni de moins?

Les voici telles qu'on les a fans doute comprifes, par ce
qui a précédé. La circonference du Cercle eſt à fon diametre comme le nombre.

. . .   88887663.$\frac{2793785446363116984165o6o2.}{3142. \&c. (comme cy-deſſus.)}$

Eſt au nombre.

. . .   28284271.$\frac{7775355172545328124o57587.}{3142. \&c.}$

C'eſt encore la répétition du Théoreme qui nous reſte toujours à prouver ; car la convenance de ce que j'avance avec
les intentions d'Archimede, (ne manquera-t-on pas de me
dire,) n'annonce de ma part qu'une approximation , & des
raiſons de convenance, ne ſont rien moins qu'une démonſtration de Geométrie : ainſi tout ce qui a été dit juſqu'à preſent , ne peut paſſer pour ſuffiſant. Et il eſt important, ſi je
ne veux pas être raillé , d'apporter enfin quelque choſe de
plus ſolide. Il me ſemble même voir tous les Geométres pro-
noncer contre moi d'un commun accord , que ſi ma démonſtration n'eſt pas à portée de forcer la réſiſtance de tous les
oppoſans, elle n'eſt point démonſtration , & c'eſt inutilement
que je m'attendrois à un traitement moins rigoureux ; ce ne
ſeront point ſeulement les Savans de nos jours, ce ſeront
auſſi les Savans des Siécles futurs , qui ſeront mes Juges ; il
ne me ſerviroit de rien que, par faveur , on me fît quartier
maintenant ; c'eſt encore dans l'avenir même le plus reculé,
qu'il faut que mes prétentions ſoient incapables d'être refu-
tées ; mais outre que les Geométres ont interêt à ne ſe pas
laiſſer dupper aujourd'hui, leur érudition eſt ſi profonde ,
que s'ils donnent les mains à la verité que je leur preſente ,
je n'ai rien à craindre de la part de ceux qui viendront enſuite.

Autre Scolie. On ne peut rien de plus ſimple que le moyen
qu'employa Diogéne le Cynique, pour réfuter quelques ſub-
tilités par leſquelles Zenon prétendoit détruire la poſſibilité
du mouvement ; il ſe promena devant lui : je ne veux non
plus , pour ainſi dire , faire qu'un ſeul pas dans le calcul, &
la pleine démonſtration de mon Théoreme & de tous ſes corollaires en réſultera néceſſairement. Je n'ajouterai mêmes
à cette operation que quelques obſervations ſans affecter un
raiſonnement trop approfondi, puiſque l'Académie des Sciences, ſelon Monſieur de Fontenelles , Préface des Mémoires
de 1699 , & dès-lors ſans doute beaucoup d'autres Savans,
n'approuvent les raiſonnemens qu'avec toutes les reſtrictions
d'un ſage Pirrhoniſme. Mais commençons à faire la route,
c'eſt-à-dire , l'operation dont nous avons parlé ; & donnons-
lui le titre qui lui convient veritablement.

Démonstration du Théoreme précédent, lequel nous a déterminé
la juste mesure ou la Quadrature du Cercle.

Par le douziéme Article du second Livre j'ai formé sur les nombres de celui-ci, les nombres suivans.

1°. Huit sou-quadrilignes moins le quadrisegment.

2°. Le petit quadriligne, plus quatre sou-quadrilignes.

Ce font donc des quantités tout-a-fait réelles & indépendantes de toute supposition. La derniere paroîtra dans un moment. Voici les 8. sou-quadrilignes moins le quadrisegment.

$$1710577. \frac{1389660207083858028058124 0.}{3142.} \&c. \text{ (comme cy-dessus.)}$$

Je vois par mes principes, & ils ont été seuls d'abord à me faire voir que cette quantité équivaut à trois sou-quadrisegmens moins un tiers de quadratrice ; & qu'un petit quadriligne, plus quatre sou-quadrilignes, vaut trois sou-quadrisegmens, plus deux tiers de quadratrice ; j'en conclus que le nombre qui vient d'être exprimé est moindre que le petit quadriligne, plus quatre sou-quadrilignes, de la quantité de la quadratrice ; & par conséquent, si d'un petit quadriligne plus 4 sou-quadrilignes, qui va être marqué A, j'ôte la quadratrice, qui sera marquée B; j'aurai 8 sou-quadrilignes moins le quadrisegment marqués C; je n'exprimerai le dénominateur qu'à la derniere quantité.

A. . . . . $1802631. \frac{243829651107942046865491 88.}{}$

B. . . . . $.92054. \frac{10486363039955624405967948.}{}$

C. . . . $-1710577. \frac{1389660207083858028058124 0.}{3142.} \&c. \text{ (comme à l'ordinaire.)}$

Observerai-je en cet endroit, que trois quantités qui n'avoient pas encore paru sur la Scene toutes trois ensemble; sçavoir, la petite figure toute, un petit quadriligne plus quatre sou-quadrilignes, & huit sou-quadrilignes moins le quadrisegment, font en proportion arithmétique continuë ; que dans l'ordre ou elles viennent d'être représentées, elles décroissent, & que leur difference est la quadratrice ; cela paroîtra peu utile ; mais le nouveau nom, que le calcul démontre

tre que l'on peut donner, comme j'avois fait sans son indi-
cation, à la derniere de ces quantités, est une découverte, sur
laquelle je prie que l'on appuye principalement. Voici du
détail.

Il est, dis-je, démontré par nôtre regle de calcul, quoique fort courte, que le quadrisegment vaut deux tiers de
quadratrice de plus que le petit quadriligne, & le petit quadriligne un tiers de quadratrice de plus que le sou-quadrisseg-
ment. On connoît d'ailleurs (par la définition de la quadratrice) le quadrisegment plus grand, de cette quadratrice
même, que le sou-quadrisegment. Ainsi que le quadrisegment
ôte des huit sou-quadrilignes, dont le calcul fait mention,
un sou-quadrisegment & trois tiers de quadratrice, c'est ôter
1°. pour ne rien dire du sou-quadrisegment retranché, & ne
faire mention que des autres parties soustraites, c'est, dis-je,
ôter 1°. des deux petits quadrilignes, que renferment huit sou-
quadrilignes, chacun leur tiers de quadratrice, dont le retranchement fait de ces petits quadrilignes des sou-quadrisseg-
mens, c'est 2°. retrancher le troisieme tiers de quadratrice
du sou-quadrisegment qui étoit resté, & par conséquent, il
en resulte 3 sou-quadrisegmens moins un tiers de quadratrice,
ainsi que nous l'avons deja dit.

Comme le petit segment est évidemment composé d'un
petit quadriligne & du quadrisegment, c'est-à-dire, de deux
sou-quadrisegmens plus quatre tiers de quadratrice, on connoît encore par nos trois lignes de calcul sans autre preuve,
que la moitié du petit segment excede le petit quadriligne
d'un tiers de la quadratrice, & que par conséquent, nous
avons eu raison d'établir la proportion arithmétique croif-
sante, dont il a été parlé cy-devant, entre le sou-quadrisegment, le petit quadriligne, la moitié du petit segment
& le quadrisegment, desquelles quatre quantités la difference
est le tiers de quadratrice. Un Algébriste pourroit appeller
le sou-quadrisegment S, & le tiers de quadratrice T, le petit
quadriligne S, plus T, le demi-segment S, plus 2 T, & le
quadrisegment S, plus 3 T &c. ce qui éclairciroit la démonstration, mais j'ai à cœur d'être entendu de ceux mêmes,
qui n'étant pas Algébristes, ont de l'éloignement pour toutes

E

les expreffions qui paroiffent tirées de l'Algébre.

Et fans connoître, ni mettre en ufage cette Science, l'on conçoit qu'il eft impoffible d'admettre nôtre proportion comme exacte, ainfi qu'elle vient d'être démontrée, fans être indifpenfablement obligé de reconnoître auffi comme démontrée, la Quadrature abfoluë du Cercle. Les différentes expofitions que j'ai données de mon Théoreme, fi l'on y a fait attention, auront mis parfaitement au fait de fa démonftration.

La multiplicité des quantités peu connuës jufques à prefent, qu'il a fallu mettre en œuvre & confiderer en même tems dans cette opération fi courte ; (& qui n'aura pas manqué fans doute avec cet attirail, de paroître difficile à quelques perfonnes,) m'empêche de paffer à des pratiques plus compofées, & dès-lors encore plus embaraffantes. Outre que je m'épargne par là de la peine, ce qui pourroit être une raifon pour moi, il y en a une autre plus confiderable ; c'eft qu'une longue fuite de calculs tels que les miens, ne laiffe pas de gêner même les Lecteurs, quand ils les veulent vérifier ; & certainement l'interêt que prennent tous les Savans à la découverte de la Quadrature du Cercle, les obligeroit à examiner fi j'aurois tort ou raifon, dans tout ce que j'apporterois de calculs, pour acquérir par leur travail, *le droit de me juger fans témérité*. On voit donc les raifons qui me font prendre le parti de couper court fur cet article. Comme il pourroit pourtant fe faire que l'effai que je viens de donner, fît naître l'envie de voir encore quelques autres proportions & des exemples, furquoi fe puffent faire de nouveaux calculs.

Voici ce que j'en ai trouvé fans chercher à les multiplier beaucoup. Des méditatifs plus adroits en *inventeront* fans doute de beaucoup plus confiderables ; mais j'ofe affurer que je ne me pourrois tromper ni dans ces proportions, ni dans ces exemples (quoique je ne m'en fois pas toujours convaincu par le calcul ;) que fi j'avois perdu de vûë mes principes ; & mes principes mêmes dans ce cas, fuffiroient pour me corriger ; mais j'efpere que rien de pareil ne m'arrivera, ni ne me fera arrivé.

Mefures ou rapports & proportions. La moitié dupetit

quadriligne, vaut un fou-quadriligne plus un douzième de quadratrice.

Le petit fegment du dodécagone infcrit au Cercle 4, vaut un quart de petit quadriligne plus un fixiéme de quadratrice.

Le fou-quadrifegment, deux fou-quadrilignes, & le petit quadriligne, croiffent en proportion Arithmétique, leur difference eft un fixiéme de quadratrice.

Tout de même un petit quadriligne plus quatre fou-quadrilignes, deux grands quadrilignes, & trois petits quadrilignes, croiffent en proportion Arithmétique ; leur difference eft auffi un fixiéme de quadratrice.

Six grands quadrilignes valent 9 petits quadrilignes moins la moitié de la quadratrice.

Deux petits quadrilignes, plus huit fou-quadrilignes, valent fix petits quadrilignes moins deux tiers de quadratrice, &c.

Exemples de calculs à faire ; (on en pourra prendre encore cy-après, dans ce qui fe donnera à faire au compas, & Article XVI. du fecond Livre, dans les moyens que l'on a donnés de former differens Cercles.)

A deux petits quadrilignes plus huit fou-quadrilignes, j'ajoute le quadrifegment plus 8 fou-fegmens ; j'ai fept petits quadrilignes, plus 8 fou-fegmens, la difference de ce tout d'avec 8 fou-quadrilignes, plus 8 fou-fegmens, (c'eft-à-dire, d'avec 8 fou-figures toutes ;) c'eft la petite figure toute.

J'ôte fept petits quadrilignes, plus 8 fou-fegmens cy-deffus, de fix petits quadrilignes, plus 8 grands fegmens ; j'ai fept petits fegmens, plus le quadrifegment ; j'y joins une petite figure toute ; j'ai 9 petits fegmens. J'ai donné ailleurs la maniere de former 9 petits quadrilignes ; on peut les verifier avec ces 9 petits fegmens fur neuf petites figures toutes.

Deux fou-quadrilignes & un petit fegment du dodécagone infcrit au Cercle 4, valent un petit quadriligne & un quart ; ainfi 8 fouquadrilignes, plus le quadrifegment, valent cinq petits quadrilignes ; & fi je joins 8 fou-figures toutes à huit fou-fegmens, plus le quadrifegment ; j'ai cinq petits quadrilignes, plus 16 fou-fegmens. Que fi à cette quantité, je joins

3 fou-quadrifegmens moins le tiers de la quadratrice, (c'eft à-dire, 8 fou-quadrilignes moins le quadrifegment,) j'ai fente fou-figures toutes.

Voici 2 chemins pour arriver au même terme, l'un & l'autre.

1°. A 12. fou-figures toutes, j'ajoute la quadratrice, j'ai fix petits quadrilignes, plus 12 fou-fegmens; j'en ôte trois petites figures toutes, j'ai 12 fou-fegmens moins 3 quadrifegmens; j'y joins 3 quadrifegmens, plus 24 fou-fegmens, j'ai 36 fou-fegmens.

2°. De 3 petits fegmens, plus 12 fou-fegmens, j'ôte 3 petites figures toutes, j'ai 12 fou-fegmens moins trois petits quadrilignes; j'en ôte la quadratrice, j'ai 12 fou-fegmens moins trois moitiés de petit fegment. Double, 24 fou-fegmens moins 3 petits fegmens; j'y joins 3 petits fegmens, plus 12 fou-fegmens; j'ai tout de même 36 fou-fegmens.

Je vas former quelques exemples fur les Cercles mêmes. Au Cercle 2 plus 3 petits quadrilignes, j'ajoute la quadratrice, j'ai le Cercle 2, plus 3 moitiés de petit fegment. Double, c'eft le Cercle 4, plus 3 petits fegmens, j'y joins le Cercle 2 moins 3 petits fegmens, j'ai le Cercle 6.

Si, au lieu des deux dernieres operations, au Cercle 2 plus trois moitiés de petit fegment, j'avois encore ajouté la quadratrice, j'aurois eu le Cercle 2, plus 3 *quadrifegmens*: On j'ai d'ailleurs le Cercle 4 moins 3 quadrifegmens: donc, par leur addition, le Cercle 6.

Du Cercle 2, plus 4 grands quadrilignes, j'ôte un tiers de quadratrice, j'ai le Cercle 2, plus 2 petits quadrilignes & 8 fou-quadrilignes; j'en ôte encore un tiers de quadratrice, j'ai le Cercle 2, plus 12 fou-quadrilignes, j'en ôte 8 fou-quadrilignes moins le quadrifegment, j'ai le Cercle 2, plus quatre fou-quadrilignes & le quadrifegment, j'en ôte un petit quadriligne, plus 4 fou-quadrilignes; j'ai le Cercle 2, plus 2 tiers de quadratrice; je le joins au Cercle 2, plus 3 petits quadrilignes, j'ai le Cercle 4, plus une petite figure toute. Si au lieu de cette derniere operation, j'y avois joins le Cercle 2 moins trois petits fegmens, & que j'y euffe encore ajouté deux petites figures toutes, j'aurois eu le Cercle 4.

Voilà, ce me femble, affez de quadratures par les nombres ; il faut enfin en venir aux quadratures par la regle & le compas ; & pour y paffer plus promptement , j'épargnerai ici aux Lecteurs la vûë de toutes les quantités numerales que j'ai formées des précédentes, parcequ'outre l'attirail qu'elles entraînent après elles ; je ne les crois pas néceffaires ; ce feroit les quantités de l'Article XIII. du Livre précédent , qui fourniroient une Lifte affez étenduë ; il me fuffira de les reprélenter par des lignes, dont j'efperé qu'on fe contentera dans la fuite. Elles nous feront trouver le quarré du Cercle, comme on trouve le quarré des figures rectilignes les plus aifées à méfurer. Je fuppofe connuës toutes les quantités reprélentées dans les figures du Livre précédent ; je vas donner les lignes, dont je viens de parler auffi bien que les autres figures qui me paroîtront convenir ; je place ces chofes dans ce Livre , parceque ce n'eft qu'à prefent que je les prétends affez démontrées. Sans cette raifon , elles auroient été données dès le Livre précédent ; & celui-ci auroit été rempli de ce que j'omets felon l'avertiffement cy-deffus.

Quantités Linéaires ou rectangles méfurés par la dimenfion qui ne leur eft point commune.

A l'imitation de mes trois Cercles proportionels de la premiere figure & des paralleles, dont je les avois ornés ; je trace ici les mêmes chofes fur le Cercle qui m'eft donné , s'il eft d'une grandeur qui me convienne pour cela ; & c'eft ma troifiéme figure commencée ; mais enfuite.

A la diftance qui fe trouve entre le centre du Cercle 4 & fon rayon , dont s'eft fait un côté de l'Hexagone infcrit au même Cercle ; à cette diftance , dis-je , ou à cet efpace , j'ajoute fa moitié , ibid. j'ai depuis le centre du Cercle 4 ; jufqu'au point A. fur une feule ligne ; le Cercle 2 moins trois petits fegmens.

Depuis le même centre du Cercle 4 , jufqu'au point B. par l'addition de trois petites figures toutes à la quantité précédente ; j'ai le Cercle 2. plus trois petits quadrilignes.

Encore depuis le centre du Cercle 4 , jufqu'au point C. par l'addition de 4 grandes figures toutes , au-deffus de la tangente du même Cercle 4 ; j'ai le Cercle 2. plus 4 grands quadrilignes.

Nôtre petite figure toute eſt connuë.

La diſtance de B. à C. vaut un petit quadriligne , plus 4 ſou-quadrilignes.

En D. je joins deux fois cette diſtance , ou , ſi l'on aime mieux , cet eſpace , cette quantité à la petite figure toute ; j'ai neuf petits quadrilignes , comme je l'ai prouvé cy-devant.

En E. je diviſe ces neuf petits quadrilignes en trois parties égales ; chacune d'entr'elles vaut 3 petits quadrilignes.

J'ôte ces 3 petits quadrilignes du Cercle 2. plus 3 petits quadrilignes ; & cela immédiatement au-deſſous de B ; j'ai depuis le centre du Cercle 4. juſqu'en F. le Cercle 2 , & juſqu'en G. le Cercle 4.

Du Cercle 2 , plus 3 petits quadrilignes ; j'ôte un petit quadriligne , plus 4 ſou-quadrilignes ; j'ai le Cercle 2 , plus un tiers de quadratrice , à l'Hexagone inſcrit au Cercle 1 , j'ajoûte une petite figure toute , j'ai le Cercle 1. moins un tiers de quadratrice ; ces deux quantités jointes , font donc juſte le Cercle 3.

Problême. Repréſenter le Cercle 4. , par ſon veritable quarré plan , ou quarrer ce Cercle , avec la regle & le compas.

Je cherche comme l'enſeigne Euclide, *liv. 6. prop. 13.* la moyenne proportionelle , entre la ligne que je viens de nommer le Cercle 4 & le rayon du même Cercle 4 ; c'eſt le côté de ce quarré que j'acheve de former comme l'enſeigne auſſi Euclide, *liv. 1. prop. 46.* Voyez même figure troiſiéme.

Scolie. Mais ſi le Cercle que l'on propoſe à quarrer , étoit ou trop petit , pour que l'on pût mettre en uſage toutes les quantités précedentes , ou trop grand pour pouvoir être quarré ſur le carton , par l'Article XIX. du ſecond Livre ; je l'aménerois à une grandeur convenable , & il me ſeroit d'autant plus facile , après avoir quarré le Cercle , auquel j'aurois jugé à propos de m'en tenir , de quarrer auſſi le Cercle donné , que , comme il a été prouvé au même endroit ; ce ſeroit la ſeule raiſon double qui regneroit entre tous ces Cercles pris deux enſemble immédiatement.

Autre Scolie. On comprend qu'en ſouhaite comme en I.

La ligne AB. est la dimension des Rectangles qui se neglige ordinairement dans tout cet écrit.

Rectangles.

AE. Grande ⎫ Figure toute.
BF. Petite ⎰
FE. Se ufigure tout égale
à la figure mixte GHIKLN
parce qu'elles sont compo-
sée des mêmes parties

**Figure tout a fait
curvi-ligne.**

AB, CBDA. Sou-segment.

Fig. 1.

Figures mixtes.

ADB. Grand segment.
ACB. Petit segment.
GHIBB. Grand ⎫ quadrilat.
AFCBQ. Petit ⎰
GAFBIDG. Sou-quadri-
ligne.
ARCO. Quart du qua-
drisegment, et segment
du dodecagone inscrit
au Cercle 4.

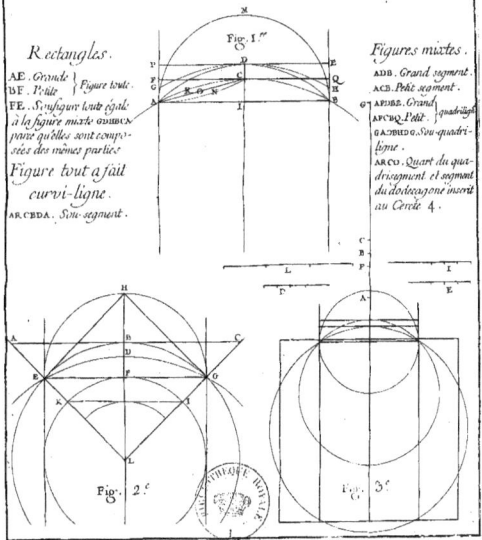

Fig. 2.

Fig. 3.

figure troifiéme, du triple de l'efpace B C, trois petits quadrilignes, plus 12 fou-quadrilignes, & les ôtant du Cercle 2.
plus 3 petits quadrilignes; j'aurois eu le Cercle 2 moins 12
fou-quadrilignes.

Tout de même en triplant, comme en L, la différence qui
fe trouve entre le quarré infcrit au Cercle 2, & le Cercle 2
moins 3 petits fegmens; & ajoutant ce triple au Cercle 2,
moins trois petits fegmens; j'aurois eu le Cercle 2, plus 12
fou-fegmens.

En doublant le Cercle 2 moins 3 petits fegmens; & ajoutant au produit 3 petites figures toutes; j'aurois eu le Cercle 4 moins trois quadrifegmens; tout cela s'entend par le fecond Livre; je ne l'ai répété ici qu'à l'occafion de la nouvelle figure; dans laquelle toutes ces quantités font plus déve-
lopées qu'elles n'avoient été dans les autres.

Je puis donc conclure maintenant de tout ce Livre, où le
calcul & le compas quarrent à l'envi l'un de l'autre, prefque toutes les quantités, tant mixtes que purement curvilignes, dont nous avons fait ufage; que la Quadrature du
Cercle, eft enfin arrivée à la perfection que l'on fouhaitoit;
& qu'elle y eft arrivée non-feulement par les nombres; mais
auffi par la regle & le compas; & que c'eft principalement de
cette derniere maniere qu'il faut la pratiquer dans la fuite.

QUATRIEME LIVRE.
LES SUITES DE LA QUADRATURE DU CERCLE.

CHAPITRE PREMIER.

Plan de ce dernier Livre.

IL y a deux écueils dans ce que je présente pour le sujet de ce Livre, lesquels sont également dangereux ; le premier, de prétendre ne rien omettre de ce qui se pourroit dire sur une matiere si vaste ; le second, de n'en rien dire du tout, parce qu'elle est trop vaste. Je prendrai un milieu entre ces deux extrémités. Je ne me tairai pas tout-à-fait ; mais j'éviterai d'être trop diffus ; Et comme il seroit inutile de faire par moi-même, ce que de grands Geométres ont exécuté avant moi d'une maniere très-ingenieuse, très savante, & dès-lors superieure à mes forces, laquelle maniere je souhaite que l'on reçoive comme exacte en toute rigueur ; je me contenterai de recueillir de ces differens Auteurs, ce qu'ils auront, pour ainsi dire, legué comme des suites de la Quadrature du Cercle, à quiconque pourroit la trouver. Je laisserai même, comme on le verra, beaucoup à glaner aprés moi dans cette récolte ; mais je prendrois ce parti de propos déliberé dans les conjonctures où je me trouve, quand bien même je serois infiniment plus que je ne le suis à portée d'en prendre un contraire. J'aime beaucoup mieux laisser mon Lecteur en appetit, pour parler ainsi, que de lui causer du dégoût. Et de plus, je trouve mon compte à ménager un peu mon travail, & à laisser aux autres quelque chose à faire.

Je

Je vas arranger de maniere les sujets dont je parlerai, que les plus simples passent en révûë les premiers.

CHAPITRE II.

Des Bandes Circulaires.

SI au-lieu d'un Cercle entier, on avoit à mesurer de simples bandes circulaires, ou uniformes dans leur largeur, où dont les bords circulaires eussent des centres differens ; il faudroit quarrer le Cercle qui les contiendroit, & le Cercle qu'elles contiendroient, soustraire le plus petit du plus grand, on auroit en rectangles, ce que l'on demande ; & je dois présentement supposer que d'un ou de plusieurs rectangles, on sçait en former un quarré, s'il en est besoin.

CHAPITRE III.

De l'Ellipse.

ARchimede prouve dans son Livre sur les Conoïdes & les Spheroïdes, propositions 7. 8. & 9. que pour avoir un Cercle égal à une Ellipse donnée, il ne faut que chercher, comme l'a enseigné Euclide, une moyenne proportionelle entre le grand & le petit diametre de l'Ellipse ; & faire de cette moyenne proportionelle, le diametre d'un Cercle, qui dès-lors sera égal à l'Ellipse. Il suffira donc ensuite de quarrer ce Cercle, pour avoir en même tems l'Ellipse quarrée ; Sa Sphére seroit aussi égale au corps elliptique.

CHAPITRE IV.

Du Cylindre.

SI parmi les figures solides, dont la composition dépend du Cercle, il y en a quelqu'une, dont il semble qu'il soit honteux de n'avoir point de mesure juste, quelque besoin que l'on en puisse avoir ; c'est principalement le Cylindre ; mais, la Quadrature du Cercle une fois connuë, le Cylindre devient aussi exactement mesurable, que les simples parallelepipedes. On quarre donc le Cercle qui regne dans toute la hauteur du Cylindre ; on multiplie le quarré de ce Cercle par la hauteur du Cylindre ; & l'on a le Cylindre même mesuré comme parallelepipede.

CHAPITRE V.

Du Cône.

ARchimede. prop. 15. du Livre cité dans nôtre Chapitre troisiéme ; & aprés Archimede beaucoup d'autres Geométres, démontrent que le Cône est sou-triple du Cylindre, qui a même base & même hauteur. Mais ce que ces grands Hommes statuoient très-savamment sur ces deux figures comparées ensemble, ne les mettoit à portée de mesurer à part en toute rigueur, ni aucun Cône, ni aucun Cylindre. Nous avons moyen par la Quadrature du Cercle, de remédier à cét inconvenient, en quarrant la base du Cône & multipliant ce quarré par le tiers de la hauteur du même Cône ; il en résulte pour la valeur de ce solide un parallelepipede qui lui est égal.

CHAPITRE VI.

De la Sphére.

LE même Archimede prouve dans fon Livre fur la Sphére & le Cylindre, propofitions 26. & 28. que fi un Cône, une Sphére & un Cylindre, ont même hauteur, & qu'un grand Cercle de la Sphére foit la bafe des deux autres folides, le Cône, la Sphére, & le Cylindre, dans l'ordre même où les voilà exprimés, font entr'eux comme 1. 2. 3. je quarre donc le grand Cercle de la Sphére ; & j'en multiplie le quarré par les deux tiers du diametre de la Sphére, ou de fon grand Cercle ; j'ai le parallelépipede exactement égal à ma Sphére.

Je pouvois obferver cy-devant, immédiatement aprés le troifiéme Chapitre, en difant encore cela des furfaces, que felon le même Archimede dans le même Traitté de l'Article précédent, propofitions 10. & 11. pour la Sphére, & prop. 4. pour le Cylindre ; la Sphére a pour furface 4. de fes grands cercles, auffi-bien que le Cylindre droit, qui a le diametre de cette Sphére *pour celui de fa bafe & pour fa hauteur,* pourvû qu'il ne s'agiffe que de fa furface convexe ; (il détermine même la furface du Cône, *ibid. prop.* 7.) & ce qui regarde la furface du Cylindre droit, eft palpable en conféquence, de ce qui fe démontre fi naturellement (par les polygones infcrits & circonfcrits,) fur le triangle rectangle égal au Cercle ; puifque la circonference d'un des cercles du Cylindre, étant multipliée par fon diametre ; le produit eft quadruple du triangle, dont je viens de parler. Je puis donc maintenant ajouter ici, qu'en multipliant dans la fuppofition du premier Article de ce Chapitre, quatre grands Cercles de la Sphére par un tiers de fon rayon, on auroit ou un Cylindre, ou même un parallelépipede égal à la Sphére, fi les Cercles avoient été quarrés, parce que la Sphére eft égale à un Cône, dont quatre de fes grands cercles feroient la bafe, & la hauteur le rayon,

CHAPITRE VII.

Des Corps annulaires.

ON suppofe qu'un corps annulaire eſt ſi régulier, que dans tout ſon contour il ne contient que Cercles égaux, tant que l'on en veut diſtinguer, dont le plan continué dût paſſer par le Centre de l'anneau. Pour avoir la méſure exacte d'un pareil corps, je quarre un de ces petits Cercles, qui couchés les uns ſur les autres, forment la longueur de l'anneau. Je cherche enſuite la circonference du Cercle, que bornent tous les centres des petits Cercles, dont eſt compoſée ſa groſſeur; & par cette circonference je multiplie le premier petit Cercle que j'ai quarré dans mon anneau; j'ai cet anneau tout-à-fait exactement meſuré. Je tiens cecy de Deſcartes dans la ſeconde Partie de l'Edition Latine de ſes Lettres, Lettre 91. la choſe eſt ſi palpable, qu'elle n'a pas beſoin de démonſtration. Autour de la circonference en queſtion devenuë hauteur de Cylindre, ſont cenſées ſe placer tellement, comme autour d'un eſſieu commun, tout ce que l'anneau contenoit de matieres propres à former des Cercles de la grandeur de ceux qui ſe trouvoient déja tout faits dans la groſſeur de l'anneau, qu'il en réſulte un Cylindre droit, lequel ſans aucun deffaut, eſt égal en tout à l'anneau; & dès que j'ai le Cylindre meſuré, j'ai auſſi par la Quadrature d'un de ſes Cercles un parallelépipede égal, & à l'anneau, & à ſon Cylindre; bien entendu qu'il faudra multiplier pour cela, comme je l'ai déja dit, le quarré de nôtre petit Cercle par la hauteur trouvée du Cylindre; mais c'eſt expliquer ce qui étoit clair.

CHAPITRE VIII.

Manieres d'avoir en petits nombres, le rapport du diametre du Cercle à sa circonference.

J'AI crû pouvoir avancer cy-deſſus, que l'on ſe contente-roit déſormais, de mettre le compas en uſage, pour quar-rer le Cercle ; mais il ſe peut faire après tout en certaines oc-caſions que de petits nombres fuſſent plus commodes à em-ployer que le compas ; & je n'y ai pas trop pourvû par tous les calculs qui ont parû dans ce Traitté.

Je vas donner ce que j'ai remarqué là-deſſus, ſans préten-dre que ce ſoit grand' choſe.

Il eſt impoſſible d'avoir en même tems en nombres entiers entre les deux limites d'Archimede une circonference moin-dre que 267. & un diametre moindre que 85 ; mais ces deux nombres ſatisfont déja aux loix d'Archimede.

Pour former la circonference ; on ajoute aux trois diame-tres, le nombre douze, qui eſt un ſeptiéme de 84. ; & dès-lors moindre qu'un ſeptiéme du diametre 85.

Par la même méthode, on trouve encore pour circonfe-rence 289. & pour diametre 92. en ajoutant à trois diametres, le nombre 13. ſeptiéme de 91.

Et enfin pour circonference 333. & pour diametre 106. en ajoutant à trois diametres, le nombre 15. ſeptiéme de 105. mais quatorze ne peut ſervir de ſeptiéme, & ſe ranger com-me les nombres précedents entre les limites d'Archimede.

Viennent après, 1º. les nombres d'Adrien Metius, qui employe le nombre 16. pour ſeptiéme. 2º. Ceux de Ptole-mée, qui employe 17. pour ſeptiéme.

Je m'abſtiens de donner de plus grands nombres, que ceux de ces Illuſtres Mathématiciens, (quoiqu'ils dûſſent être plus parfaits à meſure qu'ils ſeroient plus grands,) parce qu'il eſt trop aiſé d'en trouver ; je viens d'en donner la maniere du monde le plus à la portée de tous les eſprits ; & s'il ne s'agiſ-ſoit que de grands nombres, ceux que j'employe pour ma quadrature , ont cette qualité dans un dégré qui ne laiſſera rien à deſirer ſur cela. Il faut remarquer , au reſte, qu'aucuns des petits nombres cy-deſſus , ne repréſentent juſte le rapport du diametre à la circonference ; auſſi n'en fais-je mention que pour le beſoin que l'on pourroit en avoir dans certaines con-jonctures , comme Meſſieurs de l'Obſervatoire ont autrefois employé , dit-on , ceux d'Adrien Metius , à cauſe de l'excès de la circonference que leur avoient donnée le haut des Montagnes & les pointes des Clochers , par deſſus la circon-ference d'un des grands Cercles de la Terre.

Voici comme Ptolémée a exprimé le rapport de la circon-ference du Cercle à ſon diametre. Cette circonference , dit-il , eſt au diametre comme 3. 8. 30. à 1. Pour réduire cette expreſſion à notre maniere ; je multiplie d'abord les entiers par 60 ; j'ai 180. pour les entiers de la circonference , & 60. pour le diametre ; je joins 8. minutes premieres à la circon-ference ; j'ai 188. contre 60. je double le tout , & à cauſe des 30. minutes ſecondes , j'ajoute l'unité à la circonferen-ce ; j'ai 377. contre 120 ; & ce ſont les nombres de Ptolé-mée , dont nous avons déja parlé , ſans les repréſenter; au-lieu que ceux d'Adrien Metius , ſont 335. contre 113.

CHAPITRE IX.

Maniere d'ôter les fractions des grands nombres qui nous
repreſentent le Cercle.

Après que je ſuis arrivé par ma Quadrature au point précis que l'on cherchoit ; il ſemblera peut-être que je ne devois plus m'amuſer à rapporter des nombres qui tous reſtent au-deſſous , comme tous les petits nombres que j'ai rapportés y reſtent ; mais j'ai dit la raiſon qui m'y engageoit. Comme il n'y a , que le rapport de 22. à 7. où la circonfe-rence s'éleve un peu au-deſſus de la veritable circonference du Cercle dans tous les nombres dont j'ai fait mention , & dans beaucoup de trés-grands nombres mêmes , que de fa-meux approximateurs ont donné pour contenir cette circonference plus grande ; je vas arrondir mes grands nombres & les revétir de cette proprieté. De gayeté de cœur, je change ma Quadrature en approximation pour la débaraffer des fractions.

Je me détermine, dis-je, à faire le diametre plus petit & la circonference plus grande que mes nombres avec fractions, ne les repréfentent.

J'admets donc pour diametre.   ,   :   28284271.

Et pour circonference.   .   .   .   88887664.

$$\begin{array}{cc} 622213648. & 622253962. \\ 88887664. & 22. \\ & \bowtie \\ 28284271. & 7. \end{array}$$

$$\begin{array}{cc} 6311024144. & 6307392433. \\ 88887664. & 223. \\ & \bowtie \\ 28284271. & 71. \end{array}$$

C'eft-à dire, que j'employe un diametre plus petit, & une circonference plus grande que les veritables qu'expriment mes fractions. Et cependant me voilà encore bien au large dans les limites d'Archimede ; mais je le répete ; je ne donne pour exactement juftes, que mes nombres avec fraction.

Cette circonference plus grande qu'il ne faut, ne s'exprime donc en nombres entiers que pour le befoin que l'on pourroit avoir de cette condition, comme il eft arrivé que l'on avoit befoin de la condition oppofée. Je n'ai trouvé nulle part ailleurs une circonference, laquelle étant trop grande, approchât plus du point cherché que celle d'Archimede ; outre cette proprieté.

La mienne a le fecond avantage d'être feule formée fur les Tables des Sinus, & comme de niveau avec les autres nombres de ces Tables. Mais laiffons enfin le calcul, & ne nous fervons plus que du compas & de la regle. Il eft vrai, encore une fois, que nos nombres par leur jufteffe entiere, donnent pour faire les calculs qui ont befoin de la vraie méſure du Cercle, un avantage que ne donna jamais Archimede.

Que j'euſſe pris pour diametre du Cercle. . 28284272.
Archimede laiſſoit la liberté, de prendre pour circonference du même Cercle en nombres entiers, depuis . 88836517.
Juſqu'au nombre . . . . . 88893426.
Il y avoit entre les deux, la difference que tout le monde voit ; & par conféquent, une trés grande quantité de nombres *intermédiaires*, ne faiſoit voir que trés-incertainement, où étoit la veritable circonference ; au lieu que nos nombres la déſignent à point nommé. Mais ſi chez tous les Geométres, le compas fut toujours ſacré, pour ainſi parler, & à l'épreuve de toute cenſure pour les figures rectilignes ; & que le Cercle ſe range ici d'avec ces figures, & entre dans toutes leurs prérogatives ; ne nous ſervons plus pour méſurer le Cercle que de la regle & du compas.

F I N.